用户研究与产品定义

User Research and
Product Definition

鲍懿喜　饶锎月　著

U0222786

化学工业出版社
·北京·

内容简介

本书融合理论知识与实际案例，深入探讨了在设计模糊前期如何遵循"以用户为中心"的理念来进行设计研究和实践。

本书详细介绍了用户研究和产品定义的多种方法、路径和工具，主要内容包括：以用户为中心的设计逻辑、体验层次及内涵演变；认识用户的特征维度、需求维度、情境维度、价值共创维度和包容性维度；设计思维导向的用户研究框架，定性、定量、混合研究等用户研究方法与视觉策略工具；产品定义的指导原则、知识层级、流程与内容、优化管理，以及产品概念、产品属性等创新策略。

本书适合普通高校产品设计、工业设计类专业师生作为教材使用，也适合产品设计从业者以及所有对用户研究和设计创新感兴趣的专业人士学习参考。

图书在版编目（CIP）数据

用户研究与产品定义 / 鲍懿喜，饶锏月著. -- 北京：化学工业出版社，2024. 11. --（汇设计丛书）.
ISBN 978-7-122-46301-2

Ⅰ. TB472-05

中国国家版本馆CIP数据核字第2024RG0372号

责任编辑：李彦玲　　　　　　文字编辑：谢晓馨　刘　璐
责任校对：边　涛　　　　　　装帧设计：王晓宇

出版发行：化学工业出版社
　　　　　（北京市东城区青年湖南街13号　邮政编码100011）
印　　装：中煤（北京）印务有限公司
787mm×1092mm　1/16　印张14½　字数310千字
2024年11月北京第1版第1次印刷

购书咨询：010-64518888　　　　　售后服务：010-64518899
网　　址：http://www.cip.com.cn
凡购买本书，如有缺损质量问题，本社销售中心负责调换。

定　　价：59.80元　　　　　　　　　　版权所有　违者必究

自 2011 年设计学升级为一级学科以来，设计的核心内容越来越被认为是"发现、分析、判断和解决人类生存发展中的问题"，同时，设计也经历着以人的需求为主体、将需求本质作为设计目标的演变。依据设计希望在社会经济转型与产业升级中发挥更大作用的发展趋向，设计学不再局限于培养只具备单一技能的设计人才，而是越来越重视培养复合型人才，对设计前期研发能力的培养已成为设计教育改革的一个重要部分，认识与理解用户也成为一个设计原则。

随着人们对生活品质追求的不断提高，越来越多的设计开始帮助人们去探寻意义、目标以及深层次的生活体验。设计不仅具有对功能的诉求性，更具有对意义的探寻性，它是实用性和意义感的结合。新时代的设计希望设计者能采取行动开展用户调研工作，将在调研中获得的新发现整合到设计方案中。用户研究和设计思维、表达技巧等专业能力一样重要。

《用户研究与产品定义》所涉及的专业知识、思维与技能等内容，正是回应了设计教育和设计发展的新态势。它以"用户研究是一个有意义的过程"的设计理念为核心主题，关注设计"模糊前期"的创意过程，强调从用户角度洞见新的设计机会和挖掘设计价值的能力。树立"用户研究是一个有意义的过程"的设计理念有助于培养两种思维力：一方面，它可以激发共情力，让人学会以用户的眼光来审视设计，而避免只以自身的视角来评判设计；另一方面，它有助于提升对意义感的认知，能以更宽广的用户视角来解决系统性体验问题。

本书的核心内容是围绕相关的理论知识展开的，包括"以用户为中心"的设计理念性知识，也包括产品属性、同理心、用户体验等认知性知识。用户研究除了有助于设计挖掘现有痛点问题，进行渐进式创新之外，还可以引导设计面向未来情境规划新产品或新服务，包含着对各种未来可能性的抓取与洞察，需要集多种理论体系的优势于一体。荷兰代尔夫特理工大学"理解人类"（Understanding Human）这门课的课程协调人瓦伦丁·维施（Valentijn Visch）曾说："我真的希望学生能理解理论对一个设计师的意义。我们是学术性的设计师和设计研究者，我认为你能从理论中获得的动力和灵感是很重要的学习。"

本书强调将知识、方法与实践相结合的内容框架，综合了用户研究中的定性研究和定量研究方法，还包括设计概念创意方法。有关理念、知识和方法的内容适用于"思中学"（learn by thinking），而设计专业的实践品格还提出了"making as knowing"这一掌握知识的重要途径，即在实践中学习。采集用户数据、洞察用户需求是通过实践掌握的两项关键能力，前者属于操作性实践，后者属于分析性实践。

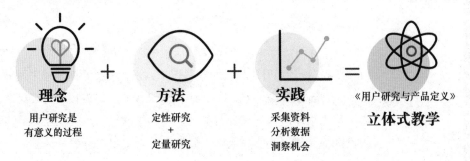

理念
用户研究是
有意义的过程

方法
定性研究
＋
定量研究

实践
采集资料
分析数据
洞察机会

《用户研究与产品定义》
立体式教学

《用户研究与产品定义》旨在通过对理念、知识、方法的内容阐述与激发学习者设计思维的教学路径，以组织用户调研这一实践行为，来实现知识、方法与能力的实践训练之间的融合贯通，从而完整构建"经验—思考—认知—能力"的立体式学习模式。立体式学习模式区别于以单向知识传授为主的学习模式，它以引导学习者认识设计特性、发现设计问题和提供解决方案为创新目标，以能力培养为轴心，以学习资源为平台，以关注创新教育为特点。立体式学习模式不仅有利于学习者理解并掌握产品开发前期以用户需求为中心的产品定义方法，而且有助于提升他们的综合素养，并指向认知、训练和培养创意思维模式的综合目标。

用户研究与产品定义之间存在密切的关系，它们通常是产品开发过程中不可或缺的两个步骤。从学会认识用户、洞察用户需求，到把对用户需求的深刻理解转化成对产品创新机会的识别能力，并进一步确立产品属性，进行创新可行性分析，这是设计模糊前期的重要内容，也是本书的重要内容。

本书倡导用户研究是以人为中心的设计过程中不可或缺的一个部分，从调查用户、挖掘需求和理解他们的生活环境开始的研究，将有助于定义明确的设计问题，提出正确的设计解决方案。期待深入有效的用户研究能激发更多的人拥有好奇心、同理心、开放的心态，以及洞察周围世界正在发生的事情的能力。

本书出版得到了国家社会科学基金艺术学一般项目"社会学视野下当代中国工业设计的综合发展趋势研究"（批准号：20BG129）的资助。

编者
2024 年 4 月

目 录

第3章
设计导向的用户研究流程 / 050

04 Chapter
第4章
综合的用户调研方法 / 075

第5章
用户研究的可视化策略工具　/ 104

第6章
产 品 定 义　/ 144

第7章
实战案例 / 164

01
Chapter

第 1 章

以用户为中心的设计

设计是一种为人创造价值，并直接影响人们日常生活的实践活动。在现代设计的发展历史上，以技术与功能为中心的设计理念曾占据主流；后来随着科学技术和社会经济文化的发展，在技术与功能之外，"人"作为设计中的重要因素在设计界被提出，并逐步形成共识。

当设计中的"人"指向产品与服务的实际使用者，设计也更关注这些使用者的需求和体验，更侧重于产品与服务解决方案的具体设计和开发时，就是"以用户为中心的设计"。

1.1 从物到人的设计发展历程

现代设计与工业化生产和现代文明密切相关。时至今日，人类社会经历了四次工业革命，每一次工业革命出现的新的生产技术都从根本上改变了人的生产与生活方式，从而深刻影响了设计发展。从以机械化为特征的工业 1.0 社会向以智能化为特色的工业 4.0 社会迈进中，设计的核心关注点也相应地发生着变化，从对设计品外观的关注发展到对人与设计品之间关系的关注，"用户参与""以用户为中心"等成为设计的关键词，并展现出未来设计的趋势（图1-1）。

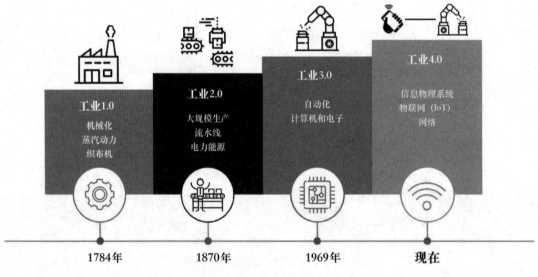

图1-1 工业革命四个阶段

1.1.1 工业 1.0 时代与设计的"式样阶段"

工业 1.0 是蒸汽机时代（18 世纪 60 年代至 19 世纪中期），其主要特征是机械化生产和蒸汽动力的大量使用，标志着从手工业经济向机器制造业经济的重大转变，彻底改变了商品的制造方式。

机械化生产是人类历史上一次重大的技术变革，它的直接结果是人类社会出现了许多前所未有的新产品，例如生产类的机床、飞梭等工具设备，生活类的自行车、抽水马桶等用品。

这些新产品在以往的人类社会中没有出现过，它们应该是什么样子，工程师、艺术家、工匠各抒己见，产品形态理念混杂不一。同时，随着工业化的发展，越来越多的产品充斥在人们的生活之中，工业产品外形粗糙简陋、产品品质水准急剧下降等问题非常凸显。依据这些情况，设计将主要目的聚焦于解决新兴产品的式样问题和品质问题，设计师们不再"为艺术而艺术"，开始重视视觉形式对于产品的作用，积极寻求一种与工业社会相契合的新美学，来确立产品适合的外观形态。

那个时期可以称为设计的"式样阶段"。设计面向新的生产技术带来的新产品的式样问题，将探索适用于工业社会的、具有新美学观的人造物外观设计作为自身的历史任务，同时也使这成为工业设计和产品设计的一个基本内容。那时，大量有关物的形式与风格问题需要设计师们给出答案，而人的因素尚未被纳入设计范畴之中。

1.1.2 工业 2.0 时代与设计的"功能阶段"

工业 2.0 是电气化时代（19 世纪后半期至 20 世纪初），电力广泛应用，与工业 1.0 时代的蒸汽动力相比，使用电力的机器更高效，也更容易操作与维护，对人力的要求也更少。福特公司发明了生产流水线，进一步提高了生产效率，大规模生产成为一个标准化的生产实践。

在工业 2.0 时代，很多设计理念都是由大规模生产技术和效率观带来的。技术、效率和经济力量的交融，使这一时期的设计不再只是关注产品外观，而是开始考虑生产成本的优化、设计过程的效益，以及人们使用产品时的便利性和好用性。打破既定的风格，运用新的设计方法来确定形式，以符合批量化、标准化和实用化的要求，是当时设计的创新方向。历史上著名的德国艺术与建筑学校包豪斯（Bauhaus）提出"技术与艺术新的统一"，明确了决定产品形态的最主要因素是功能，产品设计以功能为主线，从而为现代设计指明了方向。这一时期被称为设计的"功能阶段"。

美国建筑设计师路易斯·亨利·沙利文（Louis Henri Sullivan）提出的"形式追随功能"成为当时的设计法则，它为形式与功能之间确立了一种最佳的关系方式。以自行车为例，历史上许多自行车样式都因无法很好地解决功能问题而不能留世，直到 19 世纪末"安全"自行车以结构形式与骑行功能之间的完美结合，从根本上提升了自行车的使用性能，并奠定了现代自行车的基本样式，一直沿用至今。即使运用当今的技术手段对自行车进行智能化升级改造，它的基本形态结构还是会被保留，因为这是满足自行车功能需求的最合理的形式。在工业 2.0 时代，设计品的形式不再局限于美学问题，而是以能否更好地满足功能所需为考量标准。

显然，设计的"功能阶段"依然以"物"为中心，但也开始考虑如何让"物"更好地适应人类。与此同时，包豪斯根据产品可以被大批量生产制造的时代变革，提出了为人而设计。这里的"人"指向的是大众群体，设计从为少数权贵服务转向为大众服务，是一种设计民主意识的觉醒。

1.1.3 工业 3.0 时代与设计的"消费阶段"

工业 3.0 是信息化时代（20 世纪 70 年代开始），自动化是它的主要特征，电脑是它的标志性产品。信息技术（IT）和电子技术被引入许多生产过程中，随着互联网的接入，自动化过程不断推进，并且能执行复杂的人类任务。工业 3.0 直到今天依然存在。

工业 3.0 时代也是人类社会消费文化盛行的时代。20 世纪 60 年代末 70 年代初，欧美国家已经从第二次世界大战后的战争创伤中恢复过来，在自动化技术的推动下，经济获得了长足的发展，整个社会呈现出一种由不断增长的物、服务和物质财富所构成的惊人的消费和丰盛现象，引发了消费文化潮流。消费文化的最显著特性是商品交换价值占据了支配地位，人们消费的不仅是商品，更是一种符号。消费生活向人们显示，人们可能通过"消费者"角色，与他人形成分工、合作、交换等互动关系。

在工业 3.0 时代，设计与市场紧密结合，设计成为企业、商家市场竞争的有力工具，设计的"消费者化"（consumerization）与定制化（customization）成为这个时代设计的主要特征，我们称之为设计的"消费阶段"。设计作为消费文化中审美形式的主要体现者，是一种商品符号化的手段，在培养大众成为消费者、刺激消费、进行趣味区分和社会关系再生产的过程中，起到了十分重要的作用。如日本索尼（Sony）公司于 1979 年推出的随身听（Walkman）就是一个经典案例。Walkman 是世界上第一款便捷式音乐播放器，引领了让人们可以随时随地听音乐的生活方式，创造了耳机文化，是一个突破性创新设计，并以产品创新带动了消费市场创新。它面世时定位在青少年市场，强调年轻、活力与时尚。从 1980 年 2 月开始在全世界销售到 1998 年为止，Walkman 在全球销售量突破 2 亿 5000 万台，充分体现了设计创新与消费者、品牌、市场之间的关联性。

在这个时代，设计中的"人"具体指向了使用者和消费者，设计在产品的形式、功能之外，开始关注用户满意度。从用户角度来看，有用、好用、想用是好设计的评价标准。

1.1.4　工业 4.0 时代与设计的"智能阶段"

工业 4.0 是智能化时代，是人类社会正在进行中的工业革命，以智能制造为主导的革命性生产方式实现世界互联，有史以来第一次可以将资源、信息、物和人联网，以创建物联网和服务。随着智能设备的发展，越来越多的 IT 基础设施和服务将由智能网络（云计算）提供；功能强大、自主的微型计算机（嵌入式系统）正日益通过无线网络相互连接并与互联网连接，这形成了物理世界和虚拟世界在信息物理系统（Cyber-Physical Systems，CPS）中的融合。

工业 4.0 可以将个人拉入更智能的网络，数字化提供了更灵活的生产与生活方式，信息可以被因时、因地、因人准确传递。智能产品越来越聪明，机器将更透彻地读懂人的心理，精准地根据个人偏好推荐信息，发展私域运营模式，而且能通过算法来激发人的多维潜在需求，通过信息偶遇扩大市场需求层级。智能产品和服务系统的发展越来越围绕用户情感化、个性化等心理需求展开，数字情商将成为智能系统的创新标签。另一方面，机器主动感知的能力会激发更多的人更多的创造欲望和潜能，大量技术平台的构建为这种创造力提供了实现的机会和空间。

在智能化时代，人的需求可以被智能产品感知，人的参与性可以通过使用产品或服务被激发，人与产品的交互方式成为设计的重要内容。例如 2019 年任天堂推出的风靡一时的游戏健身产品"健身环大冒险"，就是基于"有趣味的健身体验"的运动需求，设计了一款智能健身环，利用 360° 体感捕捉技术，通过对人体运动姿势的捕捉和生理数据的采集，将现实场景中的运动置换为游戏中的操作，并创意出"玩家一屈膝，脑袋就豪爽地燃烧起来""膝盖弯曲，发动巨大的攻击""弯曲时运动时间和热量上升""显示肌肉的名字"等多种游戏效果，以运动的痛苦会对敌人造成伤害来激发玩家用户选择比较吃力的运动项目，以能体验战斗漫画中主人公的感觉来激励玩家用户特意使用攻击力高但对身体负担大的专门技能等设计创意，使产品深受用户喜爱。

工业 4.0 时代设计中的"人"指的是与设计品进行交互、有行为参与的主体，用户的需求、能力、参与性、体验性成为关注点。

顺应四次工业革命的演变历程，从纵向发展角度可以看到设计的发展趋势：从工业革命 1.0 时代设计对产品外观的关注，到工业革命 2.0 时代设计对功能与形式两者关系的探索，再到工业革命 3.0 时代对消费者的产品使用和情感诉求的重视，以及工业 4.0 时代对人与设计品交互关系的构建，设计中"人"的因素越来越成为关键内容（图 1-2）。

图1-2　从物到人：设计的发展演变

1.2　设计中的物理逻辑、行为逻辑与活动逻辑

除了从纵向的发展历程中可以看到设计由物到人的发展趋势之外，从当代设计的不同类型中也可以看到对"人"的不同关注点。

2015 年，原国际工业设计协会（International Council of Societies of Industrial Design，ICSID；现更名为"国际设计组织"，World Design Organization，WDO）宣布了工业设计的新定义，即"工业设计是一种通过创新产品、系统、服务及体验，以驱动创新、促成商业成功和引领更高生活品质的策略性解决问题的过程"。[1] 新定义指出工业设计以人为中心，连接了创新、技术、研究、商业及消费者，为经济、社会和环境领域提供了新价值和竞争优势。在这个新时代的设计定义中，涉及产品设计（Product Design）、交互设计（Interaction Design，IxD）、服务设计（Service Design）等多个设计类别。

实体产品设计注重物的属性，注重各个属性之间的合理匹配，使它真实地出现在物质世界中，注重对人体结构特征和机能特征的研究。交互设计涉及的是一套使用流程，根据人的行为方式和目标群体设计一种连接方式，使人与人、人与行为之间产生更好的关系。服务设计专注于企业或社会组织的服务规划与管理，并重视系统化的方法和以客户为中心的思维方式，服务接触是其中的关键节点。产品设计、交互设计和服务设计的共同点在于，都是为了创新性地提供解决方案，为了向人提供舒适愉悦的身心体验。但它们也各有侧重，具有不同的设计特性，分别体现了设计的物理逻辑、行为逻辑和活动逻辑。

1.2.1 实体产品设计与物理逻辑

产品是由人或机器创造的人工物，可以分为实体产品和非实体产品两大类。其中，实体产品设计对人的关注是从物延伸而来的。

产品设计与人们日常生活中所要使用的物品密切相关，是一种以创造美观而实用的物品来实现解决问题或让生活更美好的目标的专业实践。它既包括有形的实体产品，也包括无形的数字化产品，如软件应用程序等。实体产品设计体现了"强调物的自身属性合理配置的决策依据"的"物理逻辑"。实体产品设计通常关注物品的外观、功能和制造方式，以及开发周期中的其他内容，并且最终将它们延伸到为用户提供的价值和体验之中。

以 20 世纪 50 年代伊姆斯夫妇（Charles and Ray Eames）设计的一款经典的贝壳椅（Eames Molded Plastic Side Chair）为例，它既能从技术、材料、生产的角度，也能从形式、空间、审美的角度来思考产品设计，从而将结构、功能、心理、美学及文化等诸多因素结合起来贯穿于产品设计的各个方面（图 1-3）。伊姆斯椅体现了实体产品设计的以下几个特性。

图1-3　伊姆斯椅

（1）功能（function）

功能是产品的基础。产品必须有用，能在不同的时代背景下满足不同的功能与性能要求。20 世纪 50 年代正值第二次世界大战结束不久，欧美国家处在战后恢复期，整个社会经济条件十分有限。伊姆斯夫妇当时接到的任务是要设计出一款既经济，又轻便、坚固，还要质量好的椅子。伊姆斯椅实现了"以最小的成本做到最好"的设计目标，具有非常好的功能适应性，可应用于客厅、办公室、自助洗衣房、大厅、咖啡馆等各种环境。

（2）物理外观与制造工艺（appearance & manufacturability）

物理外观涉及产品的形、色、材、质、尺寸、结构等多个方面，要求富于美感并适于生产，是产品品质的有机组成部分。这款伊姆斯椅的设计灵感来自法国的埃菲尔铁塔，椅子造型很有雕塑感；面世时采用的是第二次世界大战期间开发的高性能材料，以弯曲的钢筋和添加了玻璃纤维强化的塑料来进行制作，并搭配了各式铝脚来增加使用的多样化；每个塑料外壳都有亚光纹理，有多种颜色和底座可供选择，它是世界上第一款被大量制造的单椅。

（3）人机工程（human factors）

实体产品设计对人机工程的应用，旨在依据人的生理及心理等特点，设计和优化人－产品－环境系统，使人高效、安全、健康和舒适地使用产品。20 世纪 50 年代，人机工程以安全性和生理舒适性为主要关注点，后逐步扩展到人的心理感受与情感反应等维度，从个体到群体、从生理到心理形成了对综合因素的关注。伊姆斯椅以一种简单、优雅的形式适于人的身体，旨在支撑身体曲线，具有令人印象深刻的持久性，可以长时间坐着。同时，独特的瀑布式座椅边缘有助于减轻大腿压力，释放腿的压力来消除疲劳感，能让人舒适地就座。与此同时，就像每个人一样，每把椅子都有一个故事，每个人都能选择到在外形、椅座、颜色、工艺等方面与自己相匹配的椅子，形成与椅子独特的连接性。

（4）市场性（marketability）

产品设计是一个商业价值很大的产业，越来越多的企业认识到，设计是推动企业发展的重要手段。当产品设计面向市场时，它可以直接为经济服务，商业价值是它的可预期结果，也是它的显性功能。伊姆斯椅可以说是 20 世纪最受欢迎的设计之一，时至今日，它仍然是备受追捧的经典设计。

（5）社会价值（social value）

随着时代的发展，在考虑产品的市场性之外，设计师还应具有社会责任意识，主动将产品融入社会与环境的发展需要。当玻璃纤维的生产被证明对环境有害时，赫曼米勒（Herman Miller）公司暂停了伊姆斯椅的生产，在 2000 年后采用了更安全的可回收的聚丙烯对其进行迭代；2022 年，又采用了后工业时代的可回收塑料来进行制造，随着时代的发展不断朝着社会的可持续发展目标提升伊姆斯椅的产品品质。

1.2.2 交互设计与行为逻辑

进入信息时代后，人们的注意力逐渐从实体转向信息，数字科技改变了现代生活所对应的一切范畴。越来越多的产品内置了软件，产品的形式和功能在许多情况下不再来自具体的结构原理，而是取决于通过数字信息形成的情境化交互方式。产品从对形式和外观的关注，扩展到对"人—信息—物—环境"之间关系的关注。20 世纪 80 年代中期，IDEO 的创办人比尔·莫格里奇（Bill Moggridge）和工业设计师比尔·佛普兰克（Bill Verplank）创造了"交互设计"一词，交互设计概念应运而生。

交互设计的核心是关于如何成功和创新地在人与服务、系统或产品之间创建对话，随着时间的推移，这种对话表现在技术、形式和功能之间的相互作用中。交互设计着重于利用技术提升用户体验，极其重视复杂性物质世界中嵌入的信息技术，关注以人为本的用户需求，努力去创造和建立的是人与产品及服务之间有意义的关系。"交互设计被认为是一种互动式数字产品、环境、系统和服务的设计实践"，如果说实体产品设计是以有形物体为对象的，那"交互设计关注的则是传统设计不常探索的东西——行为设计"[1]。遵循"行为逻辑"的交互设计，根据不同的行为方式设计相关界面、动作、技术系统或产品，同时也包括构思目标用户、使用流程与结果。交互设计是"知道用户想要什么"的工具，可以用来决定什么行为会成功，它借鉴了传统设计、人机工程学科的理论和技术，但它也体现出鲜明的独特性。

（1）人与目标（people & goals）

交互的对象至少包含两个方面，一是有独立认知和行为能力的人，二是具有感知和反馈机制的物。所以"人"的重要性在交互设计领域具有共识，它与技术要素一样，都是不可或缺的。交互设计领域的先驱之一艾琳·麦卡拉-麦克威廉（Irene McAra-McWilliam）强调，交互设计需要理解人，理解他们如何体验事物，如何无师自通，如何学习[2]。交互设计立足于让人能够轻松舒适地使用产品，并产生互动，让人们在很好地控制产品的操作过程中，更愉悦地体验产品，从而对产品产生信任，愿意进一步去探索、了解、发现产品的优势。"以人为中心"的设计原则在交互设计中得到了充分的体现。

在交互设计中，当设计师专注于人的目标，包括人使用产品的原因，人的期望、态度和能力时，他们就有可能设计出让人们感到舒适和愉快的解决方案。在数字化产品的世界中，设计师常常会根据人的目的、心理和习惯来规划交互过程，同时，"通过目标视角，设计师可以利用现有技术来消除无关紧要的任务，并极大地简化活动"[3]。

"Roman"这个智能聊天机器人的诞生故事非常能说明人的期望与目标是如何驱动交互设计的。俄罗斯女工程师尤金妮亚·库伊达（Eugenia Kuyda）失去了她的好友罗曼（Roman）后，在痛心之余，她很希望留住对罗曼的记忆。于是她求助自己公司的工程师，用开源的 TensorFlow 来打造所需要的深度学习神经网络，依据好友生前的所有数据，包括聊天记录、社交网络照片、往来邮件等，开发出了能够完美模仿罗曼语气的虚拟人"Roman"。每次她登录 Roman APP，都会像以前一样与好朋友聊聊天。它是人类"愿意用科技让所爱的人重生"的情感目标以及与机器人互动的疗愈目标相结合的一个交互产物，也是对人类的数字档案——短信、照片、社交媒体上的帖子在哀悼中如何发挥作用的技术探索。

（2）行为与动作（activity & action）

行为是目标的有形展示，行为不发生，交互也就无法完成。行为是由一系列动作和相应的反馈构成的，相较于机械设备的操作，智能产品的操作行为则显得更为复杂。一是因为操作时的信息和动作可选择性比较多样，二是因为每一个操作行为的结果都可能会与产品当时的状态以及之前的操作有关。交互设计需要了解人们如何在生活、工作、娱乐中使用产品，也需要规划支持和促进人的行为的产品形式。在交互设计中，形式、功能、内容和行为密不可分，形式和内容必须与适当设计的行为相协调才能发挥功能，以实现用户目标。

因此，理解人们使用产品的行为特性及相应的动作就成为重要研究对象，行为研究方法在交互设计中得到了持续探讨。荷兰代尔夫特理工大学有一个致力于为老年人进行技术设计的研究项目"Connected Resources"（资源互联）。他们通过观察和收集老年人在生活中智慧地使用产品的有关行为（如使用橡皮筋闭合橱柜的门，利用磁铁收纳金属小物件等），然后将它们作为创意灵感来为老年人设计与互联网连接的人工制品组件及组合方式，如会发光能提醒的鹅卵石、可以留言的铃铛、可以保存数字信息的磁铁等。这些人工制品可以通过机器学习技术手段了解老年人的行为特性，并通过在线平台进行分享，以激发老年人即兴创作的行为能力。它们的设计原则是简单、熟悉和好玩，以适应在早期行为研究中发现的老年人的日常实践（图1-4）。该研究方法获得了2019年下一代互联网（Next Generation Internet，NGI）奖。

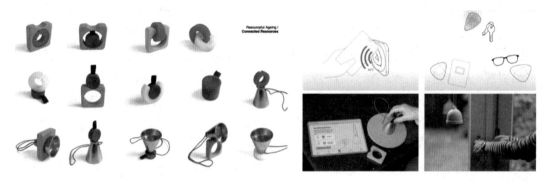

图1-4　代尔夫特理工大学"Connected Resources"项目资料

（3）技术与媒介（technology & media）

在交互设计中，技术为整个交互行为的完成提供了可能性，物则是实现行为的媒介。理查德·布坎南（Richard Buchanan）在20世纪90年代就提出，交互设计是"通过产品的媒介作用来创造和支持人的行为"[4]。交互设计中的人造物媒介，包括软件、移动设备、人造环境、服务、可佩戴装置以及系统的组织结构等多种形式。随着技术的发展，交互设计师可以创造出几乎涉及人类体验各个方面的技术系统或产品，这些体验可以涵盖情感、视觉、听觉、味觉、嗅觉、触觉、运动、手势及其各种相互关系。"交互设计也代表着信息技术嵌入我们日常生活的新领域。因此，交互设计师的注意力正从单纯的可用性和效率转向有趣、探索性和情感性的交互。"[5]

设计师往往能够依托新技术的应用场景，创造性地设计出新的操作方式，使产品作为技术应用的重要媒介，不仅能让人们在日常生活中时时感知新技术带来的进步，而且能帮助人们克服对新技术和新事物的抵触，获得更强的技术适应性。如宝马iDrive汽车操作系统中新增了手势识别，只要用手指在显示屏前方画圈，就能进行调节音量的操作。任天堂"健身环大冒险"游戏产品则设计了体感交互的操作方式，以两个配件（一个是带有弹力的可以感应推拉、旋转和倾斜等动作的圆环控制器，另一个是同样利用动作感应器和陀螺仪来感应到踏步和屈膝等动作的腿部固定带）来监测使用者的各种身体部位的活动，实现体感功能。而语音交互，即利用人类最自然的语言给机器下达指令，达成自己目的的使用产品的行为方式，目前随着技术的成熟已被广泛应用到智能家居、车载系统、智能客服等使用场景中。如Beyond TV 平台就推出了语音控制的服务内容，以提供全面式客房娱乐体验的电视内容。

（4）情境（context）

交互总是发生在特定的情境中，而情境存在于人们日常生活的各个角落与各个方面，它不只是指向产品被使用时周围的物理环境，还包括社会和文化状况、自然与社会的既有定律、经济和科技的变化等，它揭示的是产品背后的世界观。例如微信是中国市场最成功的社交软件，2022 年用户数超 12 亿人，但它在面向印度市场进行开拓时却没有成功，许多在中国非常受欢迎的微信功能，在印度却并没有受到用户的喜爱，其中有一部分就是由文化差异带来的。

交互设计非常强调变化的情境，因为不同的个体受到不同环境的塑造，情境性的产品能激发人与之产生互动的可能性。正是在这个意义上，产品所依托的情境也可以成为交互设计的驱动力，为设计师探索未知世界提供参照系。设计师通过情境来洞察设计目标，获悉通过产品要展现、传达、唤醒、激励的行为，确立产品的审美属性以及与特定情境"良好契合"（Good Fit）的特性，从而获得正确构建产品的方法。正是情境因素决定了事物的秩序和意义，决定了人们需要什么，以及应该并能够为他们提供什么样的产品以达成什么样的互动。

飞利浦 Hue 智能 LED 灯具就定位为"更智能的家居照明"，将产品置于家居使用情境中，结合应用程序和语音交互功能，创造出用灯光色彩将客厅氛围变为家庭影院，用适宜舒心的最佳光效来帮助静心阅读、唤醒活力、集中精神或放松休息。通过调整灯光亮度、颜色和色温来根据人的心情切换房间氛围，将灯光与音乐、电影、游戏等娱乐同步，在外出时用灯具程序模拟家中的照明情况等多样化使用效果，带来家内家外不同的空间场景和不同的使用目标下可以自由切换、个性定制的灯光体验（图1-5）。

图1-5　飞利浦Hue带来居家情境下的灯光体验

1.2.3 服务设计与活动逻辑

服务设计是基于现代服务业超越制造业成为第一大产业的发展态势而备受关注的设计领域。20世纪60年代起，英、法、美等发达国家的服务业在国民经济中所占比例相继超过50%，成为第一大产业，其社会结构也随着"服务经济"的兴起而发生了根本变化。1982年，美国营销学家林恩·肖斯塔克（Lynn Shostack）在《欧洲营销杂志》上发表的论文 How to Design a Service（如何设计一个服务）中首次提出将"设计"与"服务"进行连接；1984年她又在《哈佛商业评论》上发表了另一篇论文 Designing Services That Deliver（设计可交付的服务），提出了"服务蓝图"（Service Blueprint）概念，后来成为服务设计的重要工具。1991年，科隆应用技术大学国际设计学院（Köln International School of Design）的麦可·埃尔霍夫（Michael Erlhoff）将服务设计引入了设计教育，使它成为可被传授的知识体系。2001年，第一家服务设计咨询公司 Liveworks 在英国伦敦开设了办事处。2004年，国际服务设计联盟（Service Design Network，SDN）成立，形成了服务设计的合作机制。此后，随着世界范围内服务经济的持续发展，服务设计的理念、方法和实践从商业领域、公共部门到设计教育都得到了推动，特别是近年来数字化服务经济的兴起，又对服务设计提出了创新发展要求。

服务是"通过促成客户想要达到的结果来为客户交付价值的方法"[6]，服务是一种活动、过程、体验和绩效，产品在服务系统中成为实现服务所需的手段。与实体产品设计关注人与物的关系、交互设计关注人与行为的关系不同，服务设计注重服务提供者与服务接受者之间的行动关系，遵循了一种活动逻辑。这种活动逻辑明确服务提供者与服务接受者在服务过程中都担任着某种角色，双方的共同参与至关重要，他们协同行动以提升服务体验、效率和价值。

下面以2017年成立的二手循环服务品牌多抓鱼为例，来具体说明服务设计中的活动逻辑以及人的互动关系。多抓鱼被认为是一种提供了新型阅读体验的可持续服务系统，培育了一批忠诚度极高的用户。

（1）利益相关者（stakeholders）

服务设计明确提出以用户为视角。这里的"用户"具有社群属性，范畴远大于实体产品设计中物品的使用者或交互设计中与机器进行互动的使用者，而是既包括接受服务的客户，也包括提供服务的员工，还包括服务系统中涉及的合作伙伴和服务开发者，他们统称为"利益相关者"。为所有利益相关者创造共同价值，是服务设计的宗旨，因此，在服务设计过程中，需要让客户和所有其他利益相关者参与探索和定义服务主张。

多抓鱼服务系统的利益相关者具有复杂性、多元性的特征，并且形成了广泛的利益相关者关系网络（图1-6）。从用户角度来看，多抓鱼面向对二手图书和耐用消费品有交易需求的任何个人或群体，部分用户还具有角色转换性，在消费线上线下二手交易服务的同时，积极参与平台内容的创作，服务接受者和提供者的角色可以相互转换。从利益相关者与多抓鱼组织之间的关系角度，可以分为内部利益相关者和外部利益相关者。与用户直接互动的内部利益相关者为前台服务人员，其他非直接互动的内部利益相关者则为后台管理与生产人员，如二手物品鉴定师、翻新工人、仓库分拣人员、包装材料研发人员等。外部利益相关者根据利益关系性质的不同分为合作方和竞争方，合作方包括供应商、物流商、广告商、可持续品牌或共益企业等第三方机构。总之，在多抓鱼服务系统的设计、生产、消费等不同环节，都存在不同类型、不同角色的利益相关者。多抓鱼平台通过大数据收集二手消费者的用户需求，并借助自身积累的需求信息，惠及各层级利益相关者，从而吸引他们参与到系统中。

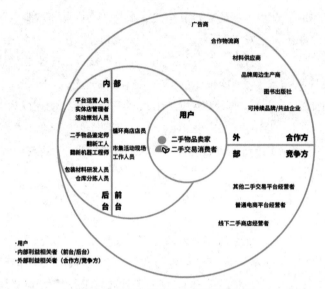

图1-6　多抓鱼服务系统的利益相关者

（2）触点与用户旅程（touch-points & user journey）

　　服务是无形的，使无形的服务有形化是设计的关键环节。服务接触点连接了服务提供者和服务接受者，是服务设计有形化的重要内容之一，也是服务设计与产品设计形成区分的关键术语。从服务接触点的角度来看，服务设计旨在"为随时间和不同接触点发生的体验而设计"[7]，用户与接触点的互动实际上就是对服务内容的体验。服务接触点既可以包括建筑、设施、物料等实体介质，也可以包括网站、在线客服等数字化介质，还可以包括服务提供者等人员介质。服务接受者将不同的触点作为使用场景的一部分，就形成了用户旅程。服务设计决策的关键主题是触点、过程和体验结果之间的逻辑关系，注重设计整个使用流程中引发良好体验的不同触点。

　　多抓鱼主要提供二手交易服务，通过"二手商品"这一服务核心触点，多抓鱼服务系统提供了一系列有趣味、有情怀、多元化的体验点。如带有故事性的可浏览、可观赏的触点有前主人的"个人主页"、二手物品"前世今生"手绘海报、上架时的环保新包装、二手物品中夹带的私人物件、线下展览等，提升服务品质的体验触点有上门回收服务、二手物品鉴定服务、二手物品翻新消毒服务、豆瓣评分等，而旧建筑改造的线下实体店又能带来文化可持续的体验点。再从线上交易场景中的各个服务触点来看，与孔夫子旧书网这样的 C2C（Customer to Customer）二手交易平台需要用户自行进行商品信息对比分析不同，多抓鱼的商品货源均来自平台，不需要消费者挑选，也不需要与卖家沟通，只需要搜索商品直接下单即可；在转售二手书的过程中，孔夫子旧书网需要 15 个步骤，多抓鱼则仅需 9 个步骤，而且不需要担心无法卖出的问题，也不需要耗费时间等待买家联系，大部分书籍在扫码后就可以直接下单，等待快递上门回收；在书籍信息的录入过程中，孔夫子旧书网要求人工输入二手物品的相关信息，并将其拍摄为高质量照片，而多抓鱼平台则只需扫描图书条形码即可，从而使二手商品的购买、转售体验更加省心和愉悦（图 1-7）。

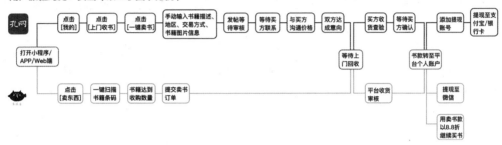

图1-7 孔夫子旧书网与多抓鱼二手书交易平台的用户旅程对比图

（3）共创（co-creation）

服务的生产和消费过程同时进行，通常由服务的提供方与服务的接受方共同完成，服务接受方常常参与服务过程并成为合作生产者（co-producer）。共创是使最终用户和服务的其他利益相关者参与服务本身设计的行为，服务设计"使用一种整体的、高度协作的方法，在整个服务生命周期内为服务用户和服务提供者产生价值"。服务设计师可以有意识地生成服务场景，在创建服务概念以及开发、原型化和测试这些服务概念时，运用多种方法和工具从不同的用户角度获得真正的见解，并促成不同利益相关者想法的生成和评估，促进实际服务提供过程中利益相关者之间的多元互动，这对于可持续的服务提供方和服务接受方的满意度至关重要。通过共同创造，服务接受方有机会在服务开发的早期就与服务提供方合作，为服务增加价值。用户参与服务的机会越多，这种服务就越有可能唤起共同所有权，反过来又会增加用户忠诚度和长期参与[8]。共同创造是服务设计思维的一个重要方面，也是服务设计价值创造的一个基本部分。

多抓鱼在做精准用户运营的同时，努力把电商平台打造成内容社区，通过微信、微博平台开展多场线上、线下活动，为用户和平台之间搭建互动桥梁。比如激励用户进行角色转换，以分享书评、建立个性化书单的方式来贡献服务内容；比如召开"精神股东大会"，让用户在线提案，然后优先实施投票数高的提案等。

（4）系统思维

"服务设计是以用户为中心、协同多方利益相关者，通过人员、环境、设施、信息等要素创新的综合集成，实现服务提供、流程、触点的系统创新，从而提升服务体验、效率和价值的设计活动。"[9]服务设计涵盖服务中所涉及的战略、活动、设施、信息、人员和物质组件，是一个综合性的设计系统。在参与主体方面，服务设计要考虑多个组织和利益相关者的需求，以创造共同价值；在层次和规模上，既需要整合服务系统内部的各种资源，也需要与更大系统进行交互；在方法层面，许多系统设计工具包被用来解析与建构服务系统，比如系统图就是促进服务系统创新发展的工具之一。

系统图通过图示框架的表现形式，可以帮助设计师对不同阶段的系统框架进行分析与设计，对服务功能或服务愿景进行整合与预判，并有利于从概念构想到服务建构的过程中形成具体观点。系统图一般会涉及对服务要素、连接方式和服务功能或目标的展示，对服务情境的搭建，也会体现系统内部人与人、人与组织之间的关系，即人在服务中所扮演的角色，会经历怎样的服务流程，又将通过怎样的互动来满足需求等内容，具有面向复杂问题寻求解决方案的特性。

多抓鱼是C2B2C（Customer to Business to Customer）商业模式的典型代表。它以多端口的线上平台为主导，以平台数据为基础，根据用户需求确定产品的回收范围，同时对厂商进行反哺，扩大产业链，引导其按需高效生产；布局线下体验店的服务场景，提供线下二手产品的回收与消费渠道，实现线上线下融合运营；另外，多抓鱼的自营翻新工厂及仓库通过资源整合，将各类系统要素纳入平台的服务体系，提供标准化、专业化的鉴定、翻新、消毒、包装等再生产增值服务，形成自己的回收系统；工程团队负责工厂内翻新设备、分拣运输设备的研发和维护。通过整合和协调更复杂的利益相关者关系及其他服务系统要素，多抓鱼构建了基于精确需求、多服务渠道的循环交易系统，其业务复杂程度远高于传统电商（图1-8）。

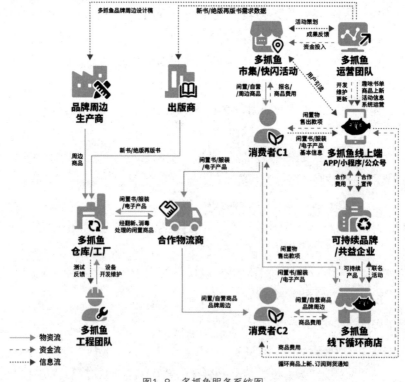

图1-8　多抓鱼服务系统图

1.3 以用户为中心设计的内涵

不同的设计类型对人的关注点虽各有侧重，但在商业环境下，"以用户为中心的设计"（User Centered Design，UCD）成为一项重要原则与方法。理解"以用户为中心的设计"是理解为何要开展用户研究和如何开展用户研究的前提。

"以用户为中心的设计"这个术语最先由著名的认知心理学家与设计专家唐纳德·诺曼（Donald A. Norman）提出，提倡充分考虑用户因素，以开发出符合用户需求的各类软硬件产品，这个术语随着他的著作《以用户为中心的系统设计：人机交互的新视角》在 1986 年的出版开始流行 [10]。

1.3.1 UCD 的商业属性

以用户为中心的设计体现了一种从技术、功能维度向用户维度的意识形态转变，它主张将用户置于设计过程的中心，深入了解为之设计的人群，以及他们在特定情境下使用产品与服务的需求与目标，并以用户体验为设计决策的依据，强调用户优先、产品适应用户需求而非用户适应产品的设计模式与更人性化的设计方法。

在广义的角度上，UCD 可以被认为是一种"以人为中心"的方法，因为用户可以指向任何人。以银行自助存取款机来说，它的用户既包括使用它进行存取款的终端用户，也包括管理银行账户信息和提供现场服务的银行工作人员，还包括维护和检修机器的支持人员等。从狭义的角度看，"人"（people）与"用户"（user）两个词在设计中存在着不同的侧重点："以人为中心"强调的是设计的社会属性，"以用户为中心"强调的是设计的商业属性。设计的商业属性要求设计有清晰的定位，对商业链路要有深入了解，并能满足用户的需求。"用户"如何被纳入设计的研究、构思、原型测试等阶段，以及如何使产品和服务在更广泛的人群中被使用，是 UCD 的核心任务。UCD 需要平衡商业目标、技术可行性和用户需求之间的关系：如果没有良好的商业运行，设计无法取得成功；如果没有满意的用户反馈，商业也无法成功。

UCD 中的用户在每一个设计中都具有特定的指向性，他们是具有特定需求和目标，具有特定生理和心理特征的用户，与使用情境组合在一起，才能形成完整的用户概念。

UCD 要发挥作用，不仅在人机交互部分要得到应用，还必须整合到开发过程中，与系统开发在同过程中互为补充、互相协调。UCD 设计流程是非线性的，需要经历多次迭代过程，每次迭代都需要收集用户的反馈和建议，从而不断改进方案。

UCD 作为设计理念或设计方法，具有不同的目标维度和实践路径，可以转化为具体的可操作的内容来指导设计研究与设计实践。其中，可用性、情感化、用户体验是三个具有代表性的研究视角和实践目标。

1.3.2 可用性：UCD 的效用目标

提供必要的技术功能是 UCD 的先决条件。可用性是 UCD 中最基本的人因部分，可以在增强用户幸福感、减少压力、避免使用错误和降低伤害风险等方面发挥效用。

以用户为中心的设计一直是人机工效学（Human Factors）所遵循的原则，强调用户、技术、系统功能间的匹配。"当技术、用户和市场发展到一定规模时，可用性也成为影响交互式产品竞争的因素。"[11]可用性因素，也可称为"人为因素"，是适配于人工制品的一种品质，国际标准 ISO 9241-11:2018 把"可用性"定义为"系统、产品或服务在特定的使用环境下，为特定的用户有效、高效和满意地实现特定目标所提供的触达程度"[12]。可用性不是产品属性，而是与系统、产品或服务的交互结果，换句话说，是有关使用的结果。它体现了 UCD 的以下特性：以用户需求挖掘、任务分析等为前提，以效率、效用、安全性、易用、易学、易记、高绩效等用户性能和满意度等为设计评估指标，强调设计提供的满足用户需求的功能和使用方式，要与用户的经验和能力等相匹配，以支持用户有效地完成任务。

（1）可用性与评估指标

可用性要求设计要始终考虑用户的生理和心理特征，以及预期的目标或任务。人机交互专家雅各布·尼尔森（Jakob Nielsen，2004）认为可用性有五个指标，分别是易学性（learnability）、易记性（memerability）、使用效率（efficiency of use）、容错性（error）和用户满意度（satisfaction）。

易学性：指初次接触某个系统、产品或服务的新用户学习掌握它的难易程度。在某种意义上"易学性"是最基本的可用性属性，因为大部分产品系统都需要被学习使用，是否"易学"是大多数人对系统、产品或服务的第一次使用体验。雅各布·尼尔森在《可用性工程》一书中提出，"由于用户倾向于直接进入并开始使用一个系统，所以不应该仅仅衡量用户完全掌握一个系统需要多长时间，还应该衡量用户达到足够熟练的水平以完成有用的工作需要多长时间"[13]。

易记性：指用户在暂时停止使用某系统一段时间后，以前的学习和使用基础是否有助于他们有效、高效和满意地重新使用的特性，是一种再次返回使用时的可用性。

使用效率：指有经验的用户使用系统、产品或服务完成特定任务的稳定性能水平和所花费的时间。效率与所实现的结果有关，而不与用户实现目标的准确性和完整性有关。

容错性：指没有完成预期目标的操作的频率和严重程度，可以作为实验的一部分来测量其他可用性属性。那些可以被用户立即纠正的错误可以不计入。

满意度：指用户对系统、产品或服务的使用产生的生理、认知和情感反应满足用户需求和期望的程度。满意度是主观评价，用以评估用户对系统的喜爱程度。当多个用户的主观满意度被平均考量时，就形成了对系统满意度的客观衡量。

从可用性指标可以看出，效用和效率是可用性的重要内容。效用是指用户完成使用、实现目标的程度，效率是指用户达成目标所需要花费的时间成本和精力成本。史蒂夫·克鲁格（Steve Krug）在著作《不要让我思考》（Don't Make Me Think）中指出，可用性实际上仅意味着确保产品运行顺畅——具有平均水平和经验的人都可以使用该产品，而不会感到无助和沮丧。从可用性指标中还可以看出，可用性不仅注重效用和效率，同时也注重用户满意度，对用户的情感层面及社会可接受性方面进行了观照。

（2）可用性与规避使用错误

使用错误往往是事故发生的主要原因，尽量减少使用错误的风险和不良后果是 UCD 中重要且不容忽视的问题。可用性设计在规避使用错误方面可以发挥积极作用。

使用错误是指"在使用系统、产品或服务时，用户行为或缺乏用户行为会导致与制造商预期或用户预期不同的结果"[12]，从而对用户或利益相关者的健康、安全、财务、环境等造成负面影响。2009 年 10 月，美国食品和药物管理局（FDA）发出一份警告，指出在长达 18 个月的时间中，有一家美国洛杉矶的医疗中心的 206 名患者在有关确认中风的 CT 灌注成像检查中，接受了大约 8 倍于预期水平的辐射剂量，大约 40% 的患者失去了头发。这一事件的发生可能是由于辐射剂量在界面上的位置和显示方式问题，从而导致 CT 系统的使用不当。北美飞利浦超声业务可用性设计主管应海韵在 2022 年江南大学举办的第二届"创新驱动发展战略下的设计青年力"论坛上所做的演讲中提到，FDA 有关研究报告显示，超过三分之一的医疗器械事故涉及使用错误，通过分析已发事故发现，超过一半的事故可以追溯到设计问题。

可用性工程（usability engineering）提出了帮助设计出让用户少犯错的系统或产品的具体流程，包括对已知使用错误风险分析、未知使用错误风险分析、减少错误和风险的设计、可用性评估、可用性验证等流程，通过围绕用户的感知、认知、动作资料等进行资料分析、用户测试、迭代设计，来实现更正确有效的使用效果。值得指出的是，可用性虽然可以规避使用错误，但再好的可用性可能都无法带给人们快乐的感受。

（3）可用性设计方法

可用性依赖与人类交互的系统、产品或服务，同时必须根据被使用的特定环境来评估它的合目的性。一般情况下，只有定义了系统、产品或服务的预期用户，用户使用系统、产品或服务将执行的任务，以及使用时的物理环境、组织环境和社会文化环境，才能指定可用性。可用性能使"以用户为中心的设计"在明确系统、产品或服务的使用目的时，一方面会依据目标用户的特性和需求，特别是像老人、孩子、患者、残疾人等一些特殊用户；另一方面也会依据使用环境的具体情景，如是在家里还是在办公场所，是白天还是夜晚，是在路途中还是到达了目的地，灯光、声音、震动、温度、室内布局等场景状况，以及产品与产品、产品与系统、系统与系统间的连接关系等。

可用性设计中也会涉及一系列与人机工效学相关的研究方法。其中，人体测量学（anthropometrics）能依据不同的人体尺寸来进行高度与角度的可调节的设计，以适用于全球范围内不同国家、不同地区、不同人种的用户；易读性（legibility）依据阅读情景对字体的大小、字体间距、对比度、阅读距离等提出设计要求，如 ISO/TR 9241-311:2022 中就设定了 500 毫米视距内字符或符号的高度为 2.9 毫米；人体工程学（physical ergonomics）可以通过研究用户的身体特征、能力、限制和动机，以及评估工作或任务中的技术系统、流程、工具设备等来科学设计适配用户的工作环境；认知工效学（cognitive ergonomics）则通过研究人脑的运作方式，如感知、记忆、推理、运动反应等来使产品简单清晰、易于使用；组织工效学（organizational ergonomics）将技术对人际关系、过程和组织可能产生的后果纳入思考范畴，以期通过研究组织的结构、政策和过程来构建一个和谐系统。

总之，只要涉及为人的设计，可用性都是 UCD 中简单而基本的内容点，即使是在 AR、VR 时代，可用性依然可以被纳入系统中进行考虑。但可用性只是系统、产品或服务整体中的一个小部分，要真正发挥作用，还需要与其他各个要素之间形成整合与平衡。

1.3.3　情感化：UCD 的审美目标

对设计如何去关注人类自身这个议题，唐纳德·诺曼认为除了实用的功能之外，情感因素同样会影响用户对设计的评价。诺曼在《情感化设计》中文版的作者序中说："成功的产品关注的是情感。"[14] 在书中他还从本能层（visceral）、行为层（behavior）和反思层（reflective）这三个不同的层次，深入分析了如何将情感效果融入设计中，以解决物品的可用性与美感之间的统一性问题，使有魅力的物品更好用。当然，诺曼提出的"情感化设计"并不局限于传统的硬件产品，而是同样适用于智能产品、商用软件设计、界面设计等领域，这些领域对美观和情感因素的重视，更体现了信息时代背景下重新美化人类生活的设计努力。情感是生活中的必要成分，它影响着人的感知、行为与思考，与人对世界的判断紧密相关。诺曼根据人脑的三种不同的加工水平，提出了与之相应的三种设计水平："本能层设计与外观相关，行为层设计与操作相关，反思层设计与意象和感想（image and impressions）相关。"[14] 本能层和行为层在世界范围内具有相似性，但反思层则会因文化的不同出现较大的差异。这三种设计水平相互交织，相互影响。

本能层设计是基于用户感知的，设计品的外观可通过视觉、听觉、嗅觉、味觉和触觉这五种感觉使用户获得直观感受，形成第一印象。一个好的设计品往往在第一眼被人看到或者第一次被人触摸到的时候，就能吸引人注意，激发或美好或积极的感官反应。比如图 1-9 中左图的兰博基尼（Lamborghini）跑车具有楔形外观的审美性：车身比例完美，纵向线条在视觉上连接了车身前部和后部，即使在静止的状态也极具动感；绚丽的宝蓝色带来了视觉冲击力，前端车身线条设计得很有锋利感，后端尾部则采用了航天飞机造型意象，车身以精致与侵略性的设计表达，将车辆在行驶中的动力与优雅完美展现。

行为层设计指向设计品的使用效率和使用感受，它涉及设计品的功能、性能和可用性。以图 1-9 中间的 iPad 来说，它是一款具有多种输入方式的产品，触控、精准触控（Apple Pencil）、键鼠一应俱全，让用户在使用过程中拥有多种选项，可以根据特定的使用场景和特定的需求去选择特定的使用方式，操作便利；同时它的多款应用程序运行流畅，能满足用户的多种功能需求。

反思层设计旨在带来对人的思维与情感的潜在影响，它是最高水平的设计，会随文化背景、经验经历、教育水平和个体差异的变化而变化。人是能够进行理性思考的理性动物，有精神性生产的需求，在设计品的实用功能之外，还希望它能帮助解释世界、理解意义和判断价值，并展现人与过去、现在和未来的关系。像图 1-9 右图的这款手表，它没有设计成包含秒针、分针和时针的常规方式，而是用块面代表小时、短线代表分钟、不停移动的点代表秒，以一种新颖的时间读取方式来表达时间是如何被切割成一块块的，是如何流动不居的，让人们重新思考时间的意义。

本能层：关注外观感受　　　　　　　行为层：提升操作体验　　　反思层：探寻情感意象

图1-9　情感化设计的三个层次（参见唐纳德·诺曼《情感化设计》）

有趣的、快乐的、惊喜的、感动的、回味的……情感化设计在人与物之间建立起了一种形象的、有意义的审美关系，其创造的系统、产品或服务增强了人们对生活事实新的认知与感受能力，作为日常生活的组成部分重构了日常生活。在情感化设计的指导思想下进行创新设计，可以是个完整的产品或服务，也可以是一些细小的点，如色彩的改变、功能的改变，因为它们可能会在很大程度上改变产品和用户的情感连接。著名的 Nendo 设计工作室的产品就提出从日常生活的点滴中获取设计灵感，以 "Giving people a small '!' moment" 为核心宗旨，立足于为人们的生活提供惊叹瞬间。他们把收集到的隐藏在日常生活中未被察觉的"惊叹"时刻，付诸设计的产品中，然后呈现在人们的眼前，以柔化处理严谨有度的极简主义的审美方式实现对日常生活的再解读。情感化设计强调给用户带来趣味和快乐，它展现了人类"艺术＋技术"的物质创造能力，反映了一种真实之美，体现了新的且恰当的美学原则。

1.3.4　用户体验：UCD 的整体目标

数字化时代来临后，随着大量智能产品变得便携、互联和日常生活化，越来越多的人开始意识到，数字技术的设计和评估应该超越单纯的工具性，而包含更大范围的体验。

唐纳德·诺曼在 1995 年的 CHI（Computer Human Interaction）会议上介绍苹果公司人机界面研究和应用的创新特性时，基于组织结构和技术转移在产品开发过程中的作用，首次提出了"用户体验"（User Experience,UX/UE）的概念，并展示了从创意"用户体验需求文档"（UERD）开始，如何有组织地跨部门协调有关人机界面和工业设计流程工作的相关案例[15]。之后，随着技术和网络的发展，"用户体验"概念不断得到拓展，用户的感受、动机和价值等更丰富的范畴得到关注，如今，它已成为 UCD 的重要准则。

用户体验被视为一种未来价值增长的持续动力，在企业或团队内部可以引领共识共享意识，并汇聚大家的专业技能以整合各个开发过程；面向外部则可对抗战略挑战，进行战术布局。"好的用户体验可以提高生产力，提升用户满意度，减少出错率，降低培训和支持成本，提升销量，节省设计迭代成本，提高流量，并获得更积极的线上评价。"[16] 从聚焦"可用性"转为聚焦"用户体验"，是"以用户为中心的设计"的新变化，用户体验研究员和各类用户体验专业协会的出现，都是这种变化的具体反映。有研究表明，消费者会为更好的用户体验买单，用户体验成为市场竞争的重要手段，一家面向未来的公司必定是注重用户体验的公司。"用户体验"为设计师重新认识设计对象，重新确立设计原则提供了新思路。从用户利益和用户体验出发去考虑应用什么技术，而不是仅仅从技术角度去规划如何开发产品，这是为企业去思考战略和愿景的出发点。

（1）用户体验的整体性视角

可用性体现了 UCD 理性的一面，强调与用户的使用效用有关的因素；情感化体现的是 UCD 感性的一面，强调与用户的审美享乐有关的内容；而"用户体验"则综合考虑了用户的感性和理性感受，从整体上（价值、关系维度）深化了 UCD 的内涵。

ISO 9241-210 将"用户体验"解释为"用户对系统、产品或服务的使用或预期使用所产生的感知和回应"，并指出用户的感知和反应包括用户在使用前、使用中和使用后的情绪、信念、偏好、感知、舒适度、行为和成就 [17]。卢卡斯·丹尼尔（Lucas Daniel）则将"用户体验"定义为"一个人在操作或使用产品或服务时的所做、所思、所感"，提供给使用者的理性价值与感性体验 [18]。从这两个具有代表性的定义中可以看到，用户体验关注用户与使用对象之间的关系，它涉及用户对系统、产品或服务的品牌形象、物品外观、功能和性能，以及对交互行为所产生的感受与反应，包含用户的情绪、信仰、偏好、生理或心理的反应、行为及相关影响。用户体验包括可用性，但它超越了可用性的狭隘，设计界通过将可用性研究的技术与交互设计、情境设计、参与式设计等的思想结合起来，使用户体验更具有整体性视角。同时，用户体验需要具有前瞻性视角，注重了解用户隐藏的需求，全面研究用户说什么、做什么、想什么，有助于获取不同层次的知识。

人机交互学者许为在有关 UCD 的论文中提到，"传统的 UCD 侧重于通过对单一交互式产品用户界面（UI）的快速原型化和可用性测试等一系列迭代过程的活动来提高产品的可用性设计，如今，UCD 开始注重于全部用户体验"[19]。可用性通常着眼于用户使用产品成功完成任务的能力，而用户体验则强调用户与系统、产品或服务之间的所有交互，将整个过程视为各个部分之间的平衡，认为每个部分都会影响用户。用户体验不是流程中的某个步骤，而是一个连贯的整体过程，必须在每个阶段都得到应用的核心内容，这促使 UCD 形成将产品开发初期的设计策略、开发过程中的创新设计和运营周期的优化设计相互融合的机制。

（2）用户体验金字塔

用户体验金字塔是对用户体验进行分类和对工作进展进行追踪的一个优秀框架。图 1-10

是用户体验设计机构 Syndicode 对用户体验金字塔的解析：以"易用性"为分界线，用户体验向下关注任务，即与系统、产品或服务的功能性、可靠性和可用性相关的特性，它们属于"客观"类别，常与可交互对象的性能相关；向上则关注体验，即与人的愉快感受和有意义的经历相关的内容，和易用性都属于"主观"类别，主观体验常与事件、过程、经历等结合在一起。

图1-10　用户体验金字塔

用户体验金字塔中的六个要素也可以体验目标的三个层级来进行理解：

① 系统、产品或服务的性能目标，包括"功能的"（functional）和"可靠的"（reliable）。系统、产品或服务具有功能是用户体验的基础层，它们必须是有用的，要通过有用的功能来实现某种目标。"可靠的"是用户体验的第二层，指系统、产品或服务性能稳定，可以正常使用。可靠性常常与准确性相关联。

② 系统、产品或服务的效用目标，包括"可用的"（usable）和"易用的"（convenient）。"可用的"是第三层用户体验，它涉及图标等信息是否可以被正确理解，是否可以用某种方式来驱动产品等。"易用的"是第四层用户体验，指用户想要使用某个系统、产品或服务，并且能够获得多次使用的场景。它可以通过消除使用系统、产品或服务困难的身体和认知障碍，改进用户体验流程，让用户对期望的感知清晰流畅，给用户管理自己体验的主导权等设计方法来实现。

③ 系统、产品或服务带来的情感目标，包括"愉悦的"（enjoyable）和"有意义的"（significant）。"愉悦的"是第五层用户体验，它能带给用户快乐感受，让用户投入其中，甚至愿意与朋友分享。"有意义的"是最高层的用户体验，它常常表现为能够触发用户独特的经历与需求、习惯与趣味，如将个人身份证号码印在鞋子上的个性化定制服务，智能可穿戴手表进行数据分析生成一些个人化的健康建议与指导等，对用户来说都是有意义的设计点。随着社交媒体技术和计算机支持的协作活动的日益普遍，用户被推向了无限可能的体验。"以用户为中心的设计"逐渐发展到关注设计如何支持在具体生活情境中为用户带来更智能、更有沉浸感和更有意义的体验。

（3）用户体验生态系统

当前，我们处在一个普适计算（ubiquitous computing）的时代，计算设备更依赖于自然的交互方式，而近年来兴起的"元宇宙"（metaverse）又提出了一个聚焦于社交联结的共享的 3D 虚拟世界。在元宇宙这个实时发展的，能够提供更身临其境、更真实灵活体验的虚拟空间中，每一个细节都可能对用户体验产生巨大的影响。同时，每个人都可以与他人及数字内容进行交互，从而充满了以新方式创建内容的用户。设计师面临的挑战是如何创建一个由设备、互联网、物联网、云服务和大量数字内容等组成的有内聚力的以用户为中心的体验生态系统，充分考虑用户交换和使用信息的环境，并将用户理解为与其他人、其他技术和大量信息相关联的组织、社会和文化的组成部分。

用户体验生态系统非常强调用户与信息环境之间的交互关系。用户体验设计师戴维·琼斯（Dave Jones）在 2012 年将用户体验生态系统定义为"信息环境中组件之间出现的一组相互依赖的关系"，并提出了"用户即参与者"（Users as Participants）、"界面即媒介"（Interfaces as Mediating Proxies）、"关系即变因"（Relationships as Agents of Change）三个用户体验生态系统的含义。这些相互依赖的关系是用户体验的关键元素，人、信息、数字空间和智能设备组成了越来越复杂、越来越相互依存的关系网络，促使用户体验朝向生态系统概念发展，以更好地理解用户如何与技术连接，如何与信息交互，如何与他人合作，并将其应用于设计之中。

我们看到，新的人机交互技术正在快速发展，软硬件产品相结合的数字化生态系统更为重视用户体验。语音交互、手势交互、触摸交互、嗅觉交互、多模态交互、体态识别、人脸识别、生理特征识别等输入输出技术为创造更为丰富的用户体验提供了新路径，也对设计提出了新挑战。特别是一些复杂系统（例如飞机驾驶舱、军用装备系统）的用户界面设计和交互设计，更需要探索如何依据不同用户群体和系统进行交互的不同目的与方式来提供有效方案，旨在让每个接触点都能增加体验，并帮助用户形成有意义的体验。以智能座舱为例，在互联网的不断渗透和人工智能技术、5G 等新技术发展的驱动下，座舱释放的信息量成倍增加，人和车机系统之间存在着感知、决策和执行的多层次信息耦合。同时，在"软件定义汽车"的新时代，智能座舱功能定义不再局限于硬件的提升，强大的软件能力不断开启汽车的新使用场景。智能座舱作为一个典型的用户体验生态系统，在用户端会区分驾驶人员和非驾驶人员之间的不同需求，还会细分老人、儿童、青年等不同角色的不同特性，甚至会将宠物也考虑在内；在设备端会结合车内的显示屏、仪表盘、中控屏、抬头显示（HUD）、信息娱乐系统等多种交互设备进行信息共享；在场景端则会形成驾驶场景、充电场景、休憩场景、娱乐场景、办公场景、社交场景等多场景任务，从而形成具有交互智能、场景智能、个性化服务等功能的智能网联汽车产品（Intelligent Connected Vehicle，ICV）。

概括来说，用户体验生态系统中的用户具有信息属性，不论是作为个体，还是作为合作者，或是组织成员，他们根据各自的目的，能够利用技术分享与交流数据，接收与管理信息，协作与共创知识环境，并通过系统中的各种设备、各种任务目标、各种交互场景，与系统中的其他人建立联系，形成有意义的互动。所以，改变用户体验生态系统中的任何一个用户都可能从根本上改变其他用户的行为方式以及他们之间的交互方式。设计工作者要从系统的角度将用户体验视为一个复杂的关系网络加以研究和设计，并使关系网络中的用户成为系统的积极参与者。用户参与是 UCD 中激发用户在设计过程贡献他们的创造性和能动性的重要机制，同时也能提升设计流程中的用户体验。

1.4　以用户为中心设计的局限

"以用户为中心的设计"作为一个重要的设计原则与方法，旨在确保系统、产品或服务在满足用户需求和期望方面表现出色。然而，即使它在很多情况下是非常有效的，也仍然存在一些局限性。

1.4.1　创新的有限性

"以用户为中心的设计"强调用户需求，但从了解用户需求到系统、产品或服务的创新设计之间，需要经过专业转化，要以清晰的设计模型来甄别用户需求的可行性，设计自身的创造能力也是关键因素。唐纳德·诺曼曾在《以人为中心的设计是有害的》（*Human-Centered Design Considered Harmful*）的文章中提到，有些设计品是通过对要执行的活动有深入的理解之后进行开发的，是以人的活动为中心的设计，即 Activity-Centered Design，它需要对技术、工具和活动原因进行深入理解，而不仅仅是用户调研[20]。新市场创造新需求，新需求激发新设计，提升用户体验作为共同的目标，将被系统地贯穿于设计和营销的整体过程中，以多元化的设计创新方法加以实现。

更为重要的是，"以用户为中心的设计"通常面向现有设计中的问题，并不能帮助预测未来方向，特别是一些设计畅想的尚未出现的新事物更无法从用户研究中获得答案。唐纳德·诺曼和设计思维专家罗伯特·维甘提（Roberto Verganti）教授在合著的论文《渐进式和激进式创新：设计研究与技术和意义的变革》（*Incremental and Radical Innovation: Design Research vs. Technology and Meaning Change*）中指出：UCD 对预期用户进行持续调研的过程是一种迭代式的方法框架，每次迭代都建立在从上一个设计周期中吸取的经验教训之上，这种爬山式地提升设计品质的方式适用于渐进式创新（Incremental Innovation），在增强产品品质和提升对用户的吸引力方面的作用非常宝贵，但并不能带来激进式创新（Radical Innovation）[21]。

总的来说，"以用户为中心的设计"对用户的重视需要与特定的设计理念、独特的价值创造及使用情境相结合，才能创造出让用户喜爱并能引导用户的产品或服务。如果设计师过度依赖用户研究，过度强调用户需求，忽视设计的独特创造价值，可能会导致设计的同质化和只针对当下的有限性，使设计的创新能力得不到发挥，还可能会错过重大创新。一些经验丰富的设计团队有时也会灵活运用相关资源，并不通过用户研究，而是以具有洞见的设计创新能力直接开展工作。像苹果这样的创新公司就着力于创造具有引领性的伟大产品来吸引用户和推动市场，而不是着眼于对用户需求的挖掘。

1.4.2 系统思维的有限性

狭义的"以用户为中心的设计"偏重设计的商业属性，在以市场为中心、科技为基础、体验为决策的商业社会中，"以用户为中心的设计"会成为商业竞争的有力手段，以及有效的设计准则。但 UCD 的价值不应只限于经济利益，如果设计的视野只聚焦在特定用户的特定需求和特定的商业目标上，基于用户体验的设计决策有可能会带来不良的社会影响。如 Airbnb（爱彼迎）从用户需求出发，作为创造性地连接了出租房屋的房东和有租房需求的游客的全球性短期租赁共享平台，颠覆了传统的酒店模式，实现了自身的商业成功。但在满足目标用户的利益诉求和提升他们的体验的同时，Airbnb 也使一些旅游热门城市的长租市场受到挤压，因此抬高了房价，并迫使一部分人选择离开，从而影响了长租市场中的人群和原有的社区结构。设计的成功不仅仅是让用户的生活变得更好，而是应考虑所有受设计结果影响的人。

"以用户为中心的设计"广义上也属于"以人为中心的设计"（HCD），有研究者开始提出，只把人放在中心，而缺乏对人与自然之间的关系的思考，是一种短见，许多生态问题的产生就是只考虑人类自身的直接结果。莫妮卡·斯内尔（Monika Sznel）提出"以环境为中心的设计"时代（the time for environmental centred design）已经来临，环境因素也是产品或服务的利益相关者。从"以人为中心"的设计方法转向关注"人—地球"关系的设计方法，有利于实现人的需求与环境需求之间的平衡。

复杂的、大规模的系统性问题，如贫困、收入不平等、生态危机等很难由 UCD 或 HCD 来解决。理查德·布坎南则提出以"为一切设计"（design for everything）来取代"为人设计"（design for human）。所谓"为一切设计"，我们可以理解为不应将任何东西置于设计过程的"中心"，而是应认识到设计是系统性的，不仅需要考虑用户，考虑人的因素，还需要考虑社会与环境的结果，将用户、其他人群、技术、市场、社会、组织和环境等在设计过程中都予以考虑和关注，从而系统性地提供设计解决方案。

本章参考文献

[1] Cooper A，Reimann R，Cronin D.About Face 3：The Essentials of Interaction Design [M].New York：John Wiley & Sons，2007.

[2] 徐兴，李敏敏，李炫霏，等 . 交互设计方法的分类研究及其可视化 [J]. 包装工程，2020，41（4）：43-54.

[3] Cooper A，Reimann R，Cronin D.About Face 3：The Essentials of Interaction Design [M].New York：John Wiley & Sons，2007：16.

[4] Buchanan R.Design as Inquiry：The Common，Future and Current Ground of Design [C]//Redmond J，et al.In Future Ground：Proceedings of the International Conference of the Design Research Society，November 2004.Monash University，Melbourne，Australia，2005.

[5] Markussen T，Krogh P G.Mapping Cultural Frame Shifting in Interaction Design with Blending Theory [J].International Journal of Design，2008，2（2）：5-17.

[6] Joint Technical Committee ISO/IEC JTC1, Information Technology Subcommittee SC 7.ISO/IEC 20000-1：2011, Information Technology-Service Management-Part 1：Service Management System Requirements [S].Software and Systems Engineering，ISO，2011.

[7] Clatworthy S.Service Innovation Through Touch-points：Development of an Innovation Toolkit for the First Stages of New Service Development [J].International Journal of Design，2011（2）：15-28.

[8] Stickdorn M，Schneider J.This is Service Design Thinking：Basics，Tools，Cases [M].Hoboken：John Wiley，2011：31.

[9] 中华人民共和国商务部，中华人民共和国工业和信息化部，中华人民共和国财政部，中华人民共和国海关总署 . 服务外包产业重点发展领域指导目录（2022 年版）[EB/OL].2022.

[10] Norman D A, Draper S W.User Centered System Design：New Perspectives on Human-Computer Interaction [M].New Jersey：Hillsdale，1986.

[11] 许为 . 以用户为中心设计：人机工效学的机遇和挑战 [J]. 人类工效学，2003（4）：8-11.

[12] Technical Committee ISO/TC 159，Ergonomics Subcommittee SC 4.ISO 9241-11：2018（en），Ergonomics of Human-System Interaction-Part 11：Usability：Definitions and Concepts [S].Ergonomics of Human-System Interaction，ISO，2018.

[13] Nielsen J.Usability Engineering [M].San Diego：Morgan Kaufmann，1993：30.

[14] Donald A.Norman. 情感化设计 [M]. 付秋芳，程进三，译 . 北京：电子工业出版社，2005.

[15] Norman D，Miller J，Henderson A.What You See，Some of What's in the Future，And How We Go About Doing It：HI at Apple Computer [C]//Conference Companion on Human Factors in Computing Systems，1995：155.

[16] 凯茜·巴克斯特，凯瑟琳·卡里奇，凯莉·凯恩 . 用户至上：用户研究方法与实践 [M]. 王兰，等译 . 北京：机械工业出版社，2017：13.

[17] Technical Committee ISO/TC 159，Ergonomics Subcommittee SC 4.ISO 9241-210：2019，Ergonomics of Human-System Interaction-Part 210：Human-Centred Design for Interactive Systems [S].Ergonomics of Human-System Interaction，ISO，2019.

[18] Daniel L.Understanding User Experience [J].Web Techniques，2000，5（8）：42-43.

[19] 许为 . 再论以用户为中心的设计：新挑战和新机遇 [J]. 人类工效学，2017（1）：82-86.

[20] Norman D A.Human-centered Design Considered Harmful [J].Interactions，2005，12（4）：14-19.

[21] Norman D A，Verganti R.Incremental and radical innovation：Design research vs.technology and meaning change [J].Design Issues，2014，30（1）：78-96.

02

第 2 章

认识用户

以"用户为中心"的设计过程开始于对设计要满足的用户需求的良好理解。当设计把"人"聚焦于特定的使用系统、产品或服务的人时，就有了"用户"（user）这个称谓。用户是指系统、产品或服务的使用者，通过使用来完成任务和满足需求。通常，"用户"一词用于强调人们对系统、产品或服务的使用欲望与需求，以及开发者如何满足这些欲望与需求，因此，用户是设计、开发和评估系统、产品或服务的重要因素。可用性专家雅各布·尼尔森（Jakob Nielsen）认为"用户"概念应该涉及所有在某种程度上受到系统、产品或服务影响的人，除系统最终产品或设计输出的使用者之外，还应包括安装人员、维护人员、系统管理人员和其他支持人员[1]。

并非所有的设计创新都必须经过用户研究。比如第一代 iPhone 手机并没有调研过用户，却依然成为划时代的突破性创新产品；日本鬼才设计师佐藤大创办的设计事务所 Nendo 也不做用户研究，但每一个产品都充满了想象力和趣味性，非常吸引消费者。但很多糟糕的设计也证明了不了解设计的目标用户的危险。如果在设计中忽视了用户的真正想法和需求，用户在使用相关系统、产品或服务时会缺少意愿和积极性，导致使用效率低，用户满意度低，不仅会对产品或品牌的声誉造成不良影响，而且会降低投资者的投资意向。运用一些科学的方法来认识和了解目标用户，有利于提升市场成功概率。

一般来说，拥有关于用户的特定知识时，设计师会更有设计效率。这些特定知识包括理解用户特征、用户技能，以及用户使用系统、产品或服务的目标、任务、使用场景等内容。从设计接受的角度来看，了解用户如何选择系统、产品或服务，以及如何使用它们至关重要；从商业创新的角度来看，了解用户需求是引领新市场、形成竞争优势的关键方面。对设计目的的一个有效定义就是"创造用户"。

2.1 用户的基本特征

用户是使用系统、产品或服务的人，认识用户首先要从认识用户具有的人的基本属性出发，这些基本属性包括人口统计特征（demographics）、心理统计特征（psychographics），和基本心理需求。

2.1.1 人口统计特征

人口统计特征是指与人的客观属性相关的统计数据，常被用来作为细分市场的依据，包括年龄、身高、性别、地域、受教育水平、种族、宗教信仰、家庭结构、职业和收入等。

人口统计特征方面的差异会使用户形成不同的选择偏好和行为模式。以全球范围内存在的利用社交网络平台进行分享的现象为例，一般情况下，社交网络平台上的女性用户比男性用户更乐于向朋友分享在线内容；活跃的知识分享者具有高学历、多元文化背景、职业良好等共性。

友希（Yuki，2015）针对 10000 多名 Facebook 用户的大规模问卷调查发现，性别、年龄和价值观会对用户的内容分享偏好产生影响。调查结果表明，男性和女性都有一种共同的愿望，即"看上去很好"。对于女性来说，"看起来聪明"的需求是女性社交分享的最强驱动力；对于男性来说，最大的激励因素则是"看起来有趣"。无论男女，积极和消极的情绪都不是分享的巨大决定因素（女性 24%，男性 20%），但"快乐"对女性最重要，而"兴奋"对男性最重要。最显著的区别体现在有用性或实用价值观方面，约 48% 的女性认为，分享最多的内容是"有用的"，而有用性却不是男性进行社交分享的驱动力。基于年龄的社交分享驱动因素存在几个显著差异。受调研的 18～34 岁的青年人进行分享的动机主要是获得聪明和有趣的个人形象，尽管在整个样本中，这并不是一个重要的驱动因素，但在这个年龄组中，分享看起来"有趣"的内容是最重要的，有 33% 的人表示"强烈赞同"。分享"看起来聪明"的内容也是一个强大的激励因素，"有用"和"讲故事"是最不重要的分享驱动因素。"讲故事"是 35 岁以上的中老年人最强大的分享驱动力，其中 55 岁以上的老年群体认为"看上去很好"和"讲故事"一样重要。研究人员还发现，这一年龄段的人群比其他年龄段人群更喜欢分享实用的内容[2]。

行业和市场研究报告中对人口统计特征的分析也是常见的内容。如综合性专业服务机构——德勤中国在《中国现磨咖啡行业白皮书》（2021）中对中国咖啡消费者的人口统计特征进行了分析，指出目前中国咖啡消费者主要以年龄在 20～40 岁间的一线城市白领为主，大多为本科以上学历，拥有较高的收入水平。未来随着受教育程度的提高和可支配收入的提升，咖啡消费人群将持续扩张（图 2-1）。海尔三翼鸟联合第一财经商业数据中心与天猫新电感应，发布的《"懒"的聪明——年轻人智慧生活洞察报告》（2021）中，从年龄这一人口统计信息入手，以 80 前、80 后、85 后、90 后、95 后对人群进行了代际划分，对比分析了他们在线上智能家居娱乐品类、智能厨房家电、智能冰箱方面的不同消费趋势（图 2-2）。

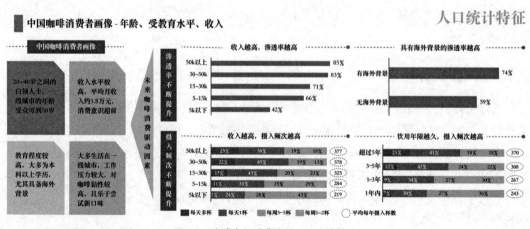

图2-1　咖啡市场消费者的人口统计特征

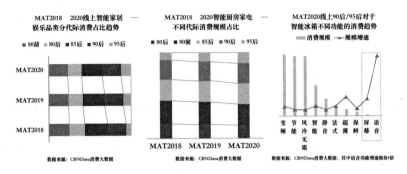

图2-2 年轻人线上消费的人口统计特征

2.1.2 心理统计特征

心理统计特征是指与人的主观偏好相关的统计数据，适用于作为划分用户类型的依据，包括个性特质、审美偏好、价值观、政治观点、社会群体倾向、生活方式等。

以游戏市场为例，玩家用户的心理统计特征会与他们的游戏目的相关。具有不同心理统计特征的玩家用户会以不同方式体验游戏，所期望的优先次序也会有所不同。有些玩家用户偏好酷炫的娱乐体验，壮观的游戏场面、跌宕起伏的情感线、超级必杀技等都能激发他的兴奋感和刺激感，从而乐在其中；有些玩家则偏好在游戏中进行自我表达，喜欢按自己的规则探索游戏，喜欢定制游戏体验选择不同玩法，并希望在游戏中建立自己的影响力，对玩法的关注超过对输赢结果的关注；还有一些玩家偏好在游戏中确立自己的统治地位，一心想获胜，喜欢钻研玩法，喜欢真正的挑战，赢才能让他获得乐趣。用户的不同心理统计特征让设计师得以思考不同的用户类型。

社交网络平台上的分享行为，也出现了与空暇时间、社会密度感知等心理统计特征相关的因果关系。在时间上，午饭后和下班后这样的"时间窗口"是用户使用社交网络的活跃时间，因而更能关注和分享在线内容，许多分享内容对时效性的要求很高，比如人们只会在某个节日当天分享与该节日有关的内容。康西格里奥（Consiglio）等人（2018）通过多个研究发现，社会密度会显著影响人们的信息分享意愿。他们首先采集了意大利多个城市的人口密度数据和相应的推特发文总数量，发现城市人口密度和推特信息分享量呈正相关关系。随后，他们设计了单因素的组间实验，将86名大学生随机分配到高密度环境（全部坐在一个能容纳24座的教室中）和低密度环境下（分散坐在两个相同的24座教室）阅读一篇文章并回答问题。实验结果表明，相比低密度环境，处于高密度环境的被试具有显著更高的分享意愿。进而，他们通过后续实验发现了自我控制感所发挥的中介作用，即身处高社会密度环境下的用户更愿意分享在线内容以重建内心的自我控制感[3]。

同样，各类针对消费者的研究报告中，心理统计特征的分析也是一个重要板块。如第一财经商业数据中心（CBNData）联合罗技中国发布的《2021职场白领健康图鉴》中，基于CBNData消费大数据，从观念和心理方面剖析了当代职场人的健康现状及五大健康问题（图2-3）。阿里妈妈、天猫服饰、哔哩哔哩联合发布的《了不起的新世代：2021春夏新风尚报告》中又从审美偏好、文化圈层等分析维度来洞察 Z 世代时尚消费趋势（图2-4）。

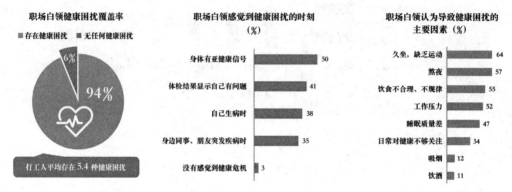

图2-3　职场白领健康状况的心理统计特征

图2-4　Z世代消费趋势中的审美偏好

2.1.3　基本心理需求

　　动机问题，即如何促使自己或他人采取行动，是人类普遍关心的议题，也是用户研究中的重要议题。一方面，奖惩、评价、人际控制等外部因素常会使人得到激发；另一方面，人的内在动机可以让人保持激情、创造力和持续的努力。心理学家爱德华·德西（Edward L.Deci）和理查德·瑞恩（Richard M. Ryan）创立的自我决定理论（Self-Determination Theory，SDT）对人的内在动机的阐释最为深入。该理论指出，理解人类动机需要考虑自主性（autonomy）、胜任感（competence）、关联性（relatedness）这三种基本的心理需求，无论社会文化或经济技术发展到什么阶段，满足这些需求都被认为对发挥重要的、健康的人类运行功能是必要的[4]。

自主性是指个体对于其行为多大程度取决于自己意愿的感知，可被定义为对因果的内在感知。无论男性或女性，也无论文化差异，当人的行为是自主的而不是受控制的时候，都会促进更高的工作效率和更健康的心理状况。有研究表明，那些被人体验为支持自主性的事件，能促进人对行为结果的感知能力，从而提升内在动机；那些被人体验为是通往特定结果的压力事件，则会破坏内在动机，损害创造力；而那些传递了一个人无法掌握某种活动的事件，则会增加人的无能感，并容易让人感到无助[5]。例如，在医疗体系中，医生通过倾听患者的意见，考虑他们的观点，并支持他们关于如何处理健康的决策过程可以支持患者的自主性，从而对患者的服药依从性、高就诊率和健康行为的维持等产生积极效用。

胜任感是指个体对其能否成功完成任务的主观感知，对用户接受并使用某系统、产品或服务具有正向影响，即用户感知到越容易操作，需要为此付出的努力越小，接受和使用的意愿就越高。

关联性则是指个体对于自己被连接、被关心、被尊重、依赖和被依赖的感知，可以定义为对社会支持实现的关联感知，这种支持既是资源上的，也是情感上的。亲密关系、个人对社区的贡献等有助于提升用户的内在动力，并促进其健康发展。

当自主性、胜任感和关联性这三个心理需求在社会环境中因得到支持而获得满足时，用户将充满活力，能够自我激励，并感受到幸福。相反，在这些需求受到阻碍的情况下，用户更有可能表现出某些心理或行为障碍，从而导致自我动力的衰减。这些基本需求只有在社会活动中才能实现，需求一旦获得激励和引导活动的机能，就变成了动机。

总之，社会环境可以支持或阻碍用户的心理倾向，用户和社会环境之间的辩证关系是设计预测用户行为、经验和发展的基础。

2.2 用户：需求的集合

作为个体的主体，人本能地会产生需要，一种感到某种"缺乏"而力求获得满足的心理倾向。人的需要的满足取决于人所处的社会文化环境和经济技术水平，具有极大的可塑性，并且总是表现为具体的个人日常需求（demand），即一种有条件的、可行的、可选择的需要，比如基于自己的支付能力形成的对物品的偏好与消费意愿。用户不是一个抽象的概念，而是需求的集合。

2.2.1 用户的多层次需求

谈到人的需要，人本心理学之父、当代最伟大的心理学家之一亚伯拉罕·马斯洛（Abraham H.Maslow）提出的"需要层次理论"影响深远。马斯洛在《动机与人格》[6]一书中提出了人的五个基本需要（basic needs），也就是五个最根本的需要，即无法再进一步追究下去的人的最终欲望，它们依次包括：

生理需要（the physiological needs）：食欲、保持体内平衡等生理驱动力是动机理论的基点。

安全需要（the safety needs）：包括对安全、稳定、依赖、保护、免受恐吓、焦躁和混乱的折磨、对体制的需要、对秩序的需要、对法律的需要、对界限的需要以及对保护者实力的要求等。

爱的需要（the love needs）：对爱、感情和归属的需要，对爱的需要包括感情的付出和接受。

尊重需要（the esteem needs）：一种对于自尊、自重和来自他人的尊重的需要，即获得对自己的稳定的、牢固不变的、通常较高评价的需要。

自我实现需要（the need for self-actualization）：人对于自我发挥和自我完成的需要，也就是一种使人的潜力得以实现的倾向。

这五个基本需要构成了优势递进的需要层次（图2-5）。其中自我实现需要属于"成长性需要"，其他四个层次的需要属于"匮乏性需要"。"匮乏性需要"的满足在很大程度上依赖于他人和社会，而"成长性需要"的满足可以独立于他人和社会。当一个人在生活中的所有需要都没有得到满足时，生理需要最有可能成为他的主要动机；当生理需要满足时，其他更高级的需要会立即出现，开始控制机体；当这些需要得到满足后，又有新的更高级的需要出现，依此类推。马斯洛还提出了"优势需要"（prepotent needs）一词，可以理解为："人同时存在多种基本需要，但在不同的时候，各种基本需要对人的行为的支配力是不同的，在所有的基本需要中，对人的行为具有最大支配力的需要就是'优势需要'。"[6]

图2-5 马斯洛需要层次理论

马斯洛的需要层次理论让我们看到，一方面，同一个人从生理需要到自我实现需要，对不同的产品或服务会产生不同层次的需求集，成为一系列产品或服务的用户；另一方面，同一个产品或服务的不同用户有可能处在不同的需求层级上，也呈现一个需求集，当其中有的用户的需求还属于马斯洛提出的为了维持自身生存的"生理需要"时，其他用户的行动动力则可能已经来自他提出的最高层次的"自我实现需要"。"寺庙零食俱乐部"（Otera Oyatsu Club）这个案例很好地说明了这一点。

"寺庙零食俱乐部"是日本全国各地的寺庙、支援团体、施主和信徒以及地方上的人们共同合作，将寺庙里富余供品转赠给食物短缺家庭的一个公益项目，有一个网站发挥平台对接作用，设计初衷是为了帮助日本境内的贫困儿童和单亲家庭免于饥饿。该项目获2018年日本优良设计大奖。

2016年厚生劳动省国民生活基础调查报告显示，日本有七分之一的儿童处于相对贫困状态，而且这种贫困往往是经济和社会困境的结合，因此很难识别。尤其是一些单亲家庭由于经济收入微薄，无法负担儿童包括食物在内的生活费用。奈良安养寺的松岛靖朗住持提出将寺庙的食物盈余与社会的食物匮乏联系起来，发起了这个公益项目，邀请寺庙和支援团体注册，并由非营利组织在地理位置上进行匹配。寺庙将收集到的多余食物（水果、零食、罐头食品）和其他日常必需品送到附近的支援团体，支援团体再将食物分发给贫困家庭，形成了解决贫困问题的社会组织网络。

这个公益项目中的贫困家庭对食物的需求是用来满足他们基本生活所需的，是生理需要；而在"零食"转赠过程中获得的多方社会支持将原来被"孤立"的贫困家庭和贫困儿童重新纳入了社会之中，让他们感受到了他人的关心和帮助，在一定程度上满足了他们对"归属和爱"的需求。而寺庙参与者和支援团队各司其职，一方负责收集供品，另一方负责运送和发放物品，运行机制健康有续，满足了他们对安全机制的需求；而他们尽自己所能来帮助解决贫困问题，付出的时间、精力和情感是受到爱的需要的驱动；他们参与的项目不仅获得了设计大奖，而且被社会广泛认可，满足了尊重的需要。项目创建者松岛住持通过这个公益项目加强了社会连接，帮助上万名儿童获得救助，从而走出了自己的独特人生，是自我实现需要在现实情境中的一种践行方式。

在日益复杂的世界中，用户的需求不会单一出现，而会以多层次需求、多人需求交织的方式出现。设计可以通过更多的社会连接方式，提供相应的整合性需求满足方案。

2.2.2 信息技术下的用户需求

马斯洛提出的基本需要在不同的时代背景下会表现为不同的日常需求。进入信息时代之后，随着开放分享式信息技术和交互技术的发展，人们受到了信息的包围，许多基于数字化信息赋能的新场景应运而生。在信息技术场景中，用户对个人数据安全性和个人隐私保护的需求，对沉浸式体验的需求，对个性化信息服务的需求和对自主创作的需求日益凸显。这些需求因技术发展而受到激发，也因技术发展而得以实现。

（1）数据安全和隐私保护需求

罗伯特·斯考伯（Robert Scoble）和谢尔·伊斯雷尔（Shel Israel）合著的《即将到来的场景时代》一书认为移动设备、社交媒体、数据处理、传感器和定位系统这五种技术力量是为场景时代提供了条件的"场景五力"，并提出"五种原力正在改变你作为消费者、患者、观众或在线旅行者的体验，它们同样改变着大大小小的企业"[7]。随着大数据技术和应用的快速发展，数据所承载的多维度业务价值已被越来越多地挖掘和应用变现，用户的个人数据会被收集与处理，用户的位置及去向会通过定位技术被感知，用户的所看、所触，甚至所想，会通过传感器被实时了解……用户越向世界开放自己，能被满足的需求就越多，但同时，也越存在安全问题。数据安全和隐私保护成为用户的需求关注点，成为"安全需要"在信息时代的具体内容。

在开放数据平台中，包含个人隐私的信息如何进行妥善的保管和合理调用，哪些数据应该隐下去，哪些数据应该浮上来，使用数据的时机与方式等都是需要思考的问题。以共享出行服务系统滴滴平台为例，在使用该平台时，驾驶员用户和乘客用户双方都有希望得到必要的个人信息或隐去不必要的个人信息来保障自身参与服务的便利性和安全性的需求。滴滴平台为此构建了"边缘计算安全体系"（图2-6），整合多方资源，借助互联网及大数据技术来提供一系列安全保障措施。如对司机和乘客的实时位置进行追踪，让司机在手机上能看到乘客的位置，同时让乘客在手机上能看到司机向他驶来时在哪条路上、与他相距多远；对相关行程信息进行记录，保证平台订单全程可追溯；将人脸识别技术作为滴滴网约车司机身份认证的重要一环，在车主接单前进行刷脸打卡，比对人脸信息与驾驶证、车牌号等信息是否一致，可防止出现人证不合一和车主将账号手机交由他人接单的情况；使用"虚拟中间号"技术，车主、乘客手机号码可以互不可见，保护个人隐私；警企联动，用户按下"110报警"，系统会向求助者设置的所有紧急联系人发送求助短信，短信包含求助者的行程信息与所在位置等。

边缘计算安全体系

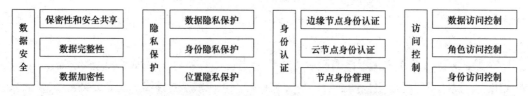

图2-6 "滴滴"边缘计算安全体系

用户对数据安全和隐私保护的需求能不断推动系统、产品或服务运用信息技术来建立相应的保障体系，同时也呼唤了相关法律的出台。2020年3月6·日，历经多次修改和公开征求意见的《信息安全技术 个人信息安全规范》正式出台。除修改"征得授权同意的例外""个人信息主体注销账户"等规范内容外，还新增了包括"多项业务功能的自主选择""用户画像""个性化展示"在内的多项要求；同时回应了当下中国个人信息保护过程中暴露的种种问题，针对近年来社会对个人生物识别信息，特别是面部数据的过度收集和滥用引发的关注和讨论，规范细化与完善了个人生物识别信息在收集、存储和共享三大环节的保护要求[8]。

（2）沉浸式体验需求

美国心理学家米哈里·契克森米哈赖（Mihaly Csikszentmihalyi）在1975年首次提出心理学概念"沉浸体验"（Flow Exprience）时，是指当人们完全投入某项活动时，获得的一种贯穿全身的内在感觉，这种"心流"体验与马斯洛（1964）提出的"高峰体验"（Peak Experience）以及拉斯基（Laski, 1961）对"狂喜体验"（Ecstatic Experiences）的描述有很多共同之处，都指向一种将个人精神力完全投注在某种活动上时会产生高度的兴奋及充实感的体验。

沉浸式体验后来随着生产力的发展不断地深化了形式与内容，成为越来越强烈的消费需求，在数字化智能化技术的快速发展下，虚拟现实（VR）、增强现实（AR）、混合现实（MR）、人工智能（AI）、5G 技术、Web3、区块链（Blockchain）、社交媒体等相结合，使信息传递方式从视觉、可触摸的拓展到可综合感知的，从而共同创造出了互动的、超现实的、身临其境般的体验场景，建立了人与环境、主观与客观、真实与虚拟之间无数种生动的关系。线上线下融合音乐会、虚拟现实游戏、数字艺术展览、斯坦福大学的"虚拟人"课程、Facebook 元宇宙虚拟办公等不断出现的娱乐、学习和办公等领域的新体验方式，将用户带入了一个沉浸式体验时代，对沉浸式体验的需求拓展了广阔的商业价值和应用前景。

数字化时代的沉浸式体验，"是集成大量虚拟现实技术、智慧和创意，所创造出来的一种高价值经历。它是由主题设计所引导，根据现代逻辑所设计，用智能手段有效控制，汇聚了多种体验的高度集成形态。它是由专业机构精心设计、打造、运作、销售的一个符号系统，也是让受众沉浸其中的一个服务过程"[9]。例如 TeamLab 无界美术馆是一个完全没有地图的美术馆，以"硬件 + 软件 + 内容"的方式，让所有艺术作品都跳脱了展厅空间的限制，作品之间可相互交流、影响、融合、交织，形成一个无边界的连续世界，使人们在有限物理空间内能够全身心地沉浸其中，去探索、发现和创造新的世界。它还突破行业边界，将数字艺术与餐饮结合，通过摄像头和传感器识别，将美食配以最具有想象空间的画面叙事，根据每道菜营造不一样的花瓣飞舞的情景，餐桌、花架、酒杯等也都成为可以投射光影的"幕布"，使人们达到视觉、听觉与味觉的高度统一和极致享受。

当下及未来的沉浸式体验，将在集成大量的前沿科技成果的可能性上，以空间造境为核心业态，以创意内容为核心主题，通过全方位调动用户的视觉、听觉、触觉、嗅觉等多感官体验，不断为用户带来身临其境的奇观效果，从直接的感官体验、间接的情感体验到反思的哲理体验，满足着用户的生理、审美和认知等多层次需要，并最大化地激发用户想象力。

（3）个性化信息服务需求

个性化信息服务是指根据每位用户的独特档案，提供符合情境、满足需求的信息和体验的定制服务。

当前，我们正在进入一个自主化技术不断发展的世界，借助人工智能技术和机器深度学习技术，以及大量由物联网技术提供支持的设备，面向灵活多样的用户需求，可以基于用户特征（如兴趣、社会类别）、操作（点击按钮、打开链接）、意图（搜索、购买）或任何其他可以识别并与个人相关联的参数进行个性化信息服务，从而提供量身定制的用户体验。比如三星 Galaxy Watch4 应用 BioActive 身体活力传感器和智能芯片，能具体化到对用户身体成分中的体脂率、骨骼肌、体内水分等进行数据记录分析，跟踪健康进度，帮助实现个人健身目标。

在社交媒体和推荐系统中，个性化是一个关键因素。个性化推荐旨在对用户的特定兴趣偏好和需求进行细分，并进而满足不同类型的信息需求。近年来兴起的以短视频为主的社交媒体平台，会依据推荐算法来推送与视频博主的兴趣、爱好或身份相似的用户，还会将视频标题、声音、内容标签属性等，与用户观看或点赞过的视频、拍摄过的内容等细分的兴趣领域相结合，精准地为用户推荐感兴趣的视频，还能通过推荐算法帮助他们拓展可能感兴趣的新内容，提升用户的新颖性和惊喜性体验。

定位技术是支持个性化服务并提升用户体验的重要手段。比如在移动学习领域，随着移动设备和可穿戴设备上 GPS 功能的增强，基于定位技术通过将学习内容个性化到所需的地理位置来增强学习体验，并通过向学习者推荐和建议学习内容和方法来促进学习。未来，更多的人工智能和机器学习功能可以被集成到移动学习应用程序中，跟踪和推荐学习者的个性化学习路径，并找出学习者现有的知识差距，生成有意义且有用的学习内容，在学习平台中加以标记，以确保在正确的时间、地点送达正确的人。

个性化信息服务对应了人的个性需求，一方面体现了服务提供者对用户的了解与重视，使用户获得了被关注、被尊重的满足感；另一方面，它能够使每位用户的个性特质进一步得到彰显，隐含了对发展自我独特性的支持。因此，随着各项技术应用水平的提高，用户对于信息内容的需求会越来越具体和精细，对个性化信息服务的期待会不断攀升。

（4）自主创作需求

自主性需求可以激发内在动机，增强行动效率，提升健康状态。对用户来说，创作是自我表达和自主探索的一部分，是对自我实现价值的追求。在数智化时代，用户的自主创作需求在技术的加持下得到了强化，创作成为一种生活方式和增益手段。

当前，我们正在进入一个自主化技术不断发展的世界，人们可借助人工智能技术，通过让机器人进行自主决策与学习的方法，使机器人适应于灵活多样的应用需求。人工智能和数字工具的发展激活了一个全新的创意时代，越来越多的智能工具能够帮助人们创建文章、制作视频、设计标识等，大大降低了内容生产的门槛，让原本没有创作能力但有创作想法或需求的用户可以获得更多的创作机会，在技术提供的新空间内创作新内容，并通过不断分享扩大创作规模。例如，AI Music 是一家能够使用人工智能进行音乐创作的公司，为用户提供了根据给定的场景从中选择一些音乐，并在节奏、风格、混音方式等方面改编现有曲目的创作可能性；虚拟社交软件 IMVU 中的玩家用户可以创建衣服或家具等虚拟物品，提供给其他玩家用户购买使用，当购买行为发生时，创作者可以获取加密货币；图文内容发布平台AtemReview 允许用户使用该平台工具来创作各种形式的内容，并生成 NFT（非同质权益凭证）以进一步将内容资产化，创作者将获得来自系统的通证激励。在这样的技术背景下，越来越多的中老年用户也开始参与到图文、音频、视频等内容创作行列中，抖音短视频平台 60岁以上的用户累计创作已超 6 亿条视频。

用户的自主创作需求不仅在内容生成方面能获得智能工具的支持，而且在内容分发和推荐方面也能通过技术手段获得更公平的对待。例如 TikTok 平台通过推荐算法，将新博主的视频和网红博主的视频混合放在"为你推荐"频道，以浏览量来奖励优质创作内容，使普通用户的新作品与网红博主的作品一样有机会被看到。

伴随着 5G、云计算、AI、元宇宙等技术的高速发展和从物质生产到内容生产的社会新转型，用户创作的内容会越来越丰富，用户的创作需求将成为推动未来数字互动的驱动力。

2.3 用户：使用情境中的角色

我们提及用户时，不是指向某个个体，而是指针对特定系统、产品或服务表现出共同特征或具有共同行为的一部分人群。换句话说，是指某个系统、产品或服务的某种使用者类型。因此，用户并不是一个独立的实体，而是依赖于使用情境系统（包括环境、用户特征及技术对象和工具等）的一群人。从社会心理学的角度来看，用户也是某种角色，不同角色的"用户"具有不同的含义。

2.3.1 基于不同身份的用户角色

在使用情境系统中，用户会与企业、组织和其他人员产生各种连接关系，依据不同的关系类型，用户会具有不同的身份角色。

当用户指系统、产品或服务的实际使用者时，他是最终用户（end user），关心使用体验和使用效益。

当用户与企业生产经营行为和后果存在利益关系，或者对组织行为及组织目标存在影响时，他是利益相关者（stakeholder），是企业或组织决策时需要考虑的因素之一。

当用户出于消费目的而不是生产目的的购买、使用商品或服务时，他是消费者（consumer），是与生产者、经营者对应的经济学概念。

当用户从供应商那里购买商品或接受服务时，他是客户（customer），价格是他的关注点，购买是他的核心行为。既可以是一次性购买行为，也可以通过购买行为与供应商保持长期合作关系。

当用户与设计师一起对系统、产品或服务的创新设计交流想法、提出建议时，他是设计的参与者（participant），是设计师的共创伙伴。

2.3.2 基于经验水平的用户角色

由于不同的用户对同一个系统、产品或服务所具有的知识和技能等经验水平不尽相同，各自的使用需求也会不同。"交互设计之父"阿兰·库珀（Alan Cooper）在《交互设计精髓》[10] 一书中，根据用户的经验水平，提出了新手用户（beginners）、中间用户

（intermediates）和专家用户（experts）这几种角色类型，并认为他们的人数分布遵循经典的钟形曲线，新手用户和专家用户都只有少数，大多数是中间用户（图2-7）。新手用户和专家用户常处在变动之中，中间用户则比较恒定，随着时间的推移，新手用户和专家用户都有成为中间用户的倾向[11]。

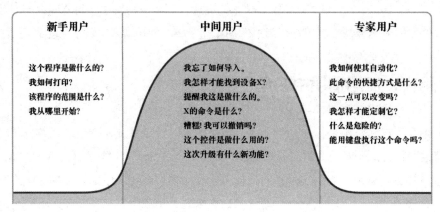

图2-7　基于经验水平的用户角色类型

新手用户是指系统、产品或服务的初学者，需要快速了解如何使用，相关的使用知识和技能开始逐步积累，对易学性、易用性的需求强烈，同时经常需要一些直接的设计指导或设计辅助。许多应用程序在让用户安装时，都会提供登录提示、功能提示等，就是希望帮助新手用户尽快掌握并顺利使用。随着新手用户掌握的知识和技能越来越多，他们会转为中间用户；但如果他们面临的难学难用的问题超过他们的承受力，他们会有受挫感，甚至选择放弃学习或使用。没有人会一直处于新手用户的状态，好的设计能够缩短新手用户成为中间用户的路径。

中间用户是数量最多、最稳定、最重要的用户群体，他们处在知识和技能等经验水平的中间位置，一方面需要不同于作为新手用户时的设计内容，另一方面也不希望满足专家用户的设计内容对他们造成使用障碍。中间用户已经掌握的知识与技能，会慢慢形成个人的概念认知与使用习惯，不同的中间用户在使用习惯上具有一定程度的相似性。如何最大限度地为中间用户进行设计和优化，如何留存中间用户，是设计的核心重点。

专家用户是指知识和技能达到了专业水平的用户，常常能够示范正确高效的使用行为与体验关键点，具有引领作用。特别是一些先锋型的专家用户，基于兴趣和专业能力，能够提出许多新构想，甚至建出具有潜力的产品原型。专家用户欣赏新的、强大的功能，所以总是在不断探索更多的知识和技能，他们的能力和水平使他们能免受复杂性功能或操作带来的干扰。在一些专业类产品中（如科学仪器、医疗设备），当专家用户的探索性和深入性有助于不断提升产品的可用性，或为产品开发提供许多创意构想时，设计可以着眼于优化专家用户的使用体验，以激发他们投入更多的时间、精力于产品钻研之中。

按照用户对系统、产品或服务的经验水平度来进行角色分类，是一个重要的方法。对设计来说，要致力于平衡不同经验水平的用户对系统、产品或服务的不同需求，抓住稳定的大多数——中间用户，为他们提供最优设计方案。与此同时，再提供一些机制，为新手用户和专家用户发挥作用提供支持。

2.3.3 基于任务场景的用户角色

用户与使用任务与使用场景总是密切相关，在不同的任务场景中，用户会对产品或服务有着不同的需求，也会形成不同的行为模式。

当同一个任务可以通过使用不同的产品或服务来完成时，用户角色常因产品或服务的转换而转换。举例来说，当一名用户在实现听音乐的任务时，如果他使用 MP3 播放器来进行操作，他就是 MP3 播放器的用户，会对音质、机身外观与尺寸、网络连接、操作便利等产生要求；如果他使用手机听音乐，他则成为手机用户，会对手机音乐 APP 的曲库是否多元，淘歌、个性化推荐、社交等功能是否强大，界面风格是否吸引人，是否免费等予以关注；而当他在驾驶或乘坐智能汽车的过程中利用车载系统来听音乐时，他又会以汽车用户的身份在车联网新兴场景中，对音乐带来的陪伴感、解压感，对音乐营造的车内氛围感，以及与车机系统的交互体验感，形成强烈的需求（图2-8）。

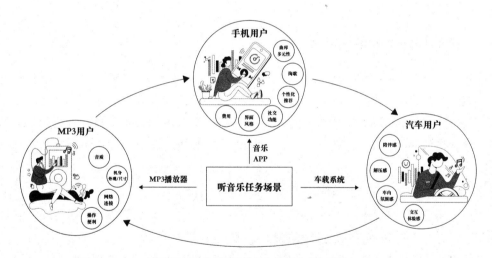

图2-8 听音乐任务场景中的用户角色类型

当同一个系统、产品或服务存在不同的功能板块和任务类型时，用户角色则会根据不同的使用目的和使用行为进行细分。例如，中国网购零售平台"淘宝网"的目标用户就分为开店的卖家、逛淘宝或进行购买的买家、提供代运营的第三方服务商（图2-9）；综合性二手交易平台"闲鱼"的用户角色可以分为二手物的买家、转让二手物的个人卖家和同一商品数量较多的职业卖家；而网络购物和社交平台"小红书"的用户角色则有明星艺人、达人博主、普通用户、品牌企业账号用户和平台社区各署。

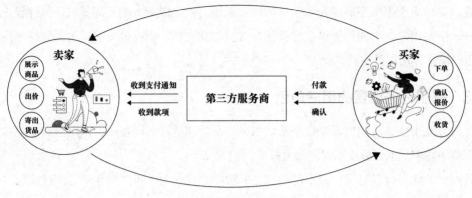

图2-9　淘宝用户角色类型

2.4　用户：价值创造的主体

用户在使用系统、产品或服务过程中获得的直接收益，可被定义为一种价值，它可以是功能性的，或情感性的，也可以是社交性的。"以用户为中心"的新营销理念认为，价值应该由企业或组织与用户之间通过互动来共同创造，或者可以由用户之间通过互动进行独立创造，让用户在价值创造中成为主体。

2.4.1　企业与用户的价值共创

随着信息技术的发展和用户自主意识的提升，他们不再满足于被动接受企业或组织提供的产品或服务，而是开始积极地参与到产品或服务的价值创造过程中，希望获得话语权，希望获得进行价值创造活动的支持与途径，以便利用各方面的资源和互动机制与企业共同创造价值。特别是像一些擅长动手改装汽车、自行车、iPod、PSP，甚至改写乐高玩具内部程序的用户们，他们对改装的产品充满热爱，愿意长期学习该产品的相关知识，并乐意与其他用户分享，最希望企业能提供开放的接口，成为企业的外部创新力。

用户主导逻辑要求企业或市场的关注点也从原来的"供应方如何使用户参与到价值创造过程中"转变为"用户如何将服务嵌入他们的使用流程中"[12]。

开放式的外引创新平台是产品或服务供应商与用户进行价值共创的重要机制。例如，小米公司在对自有的 MIUI 系统的更新和功能使用上非常乐意听取用户的意见，构建了工程技术人员与用户直接对话的渠道，开放了让一些专业用户在原有 MIUI 系统上增添"桌面风格""手势交互"等功能组件的平台。半导体制造公司台湾积体电路制造股份有限公司（TSMC），于 2008 年创建了"开放创新平台"（Open Innovation Platform，OIP），与集成电路设计用户在产品研发阶段就开展了密切合作，2023 年向院校师生推出了大学 FinFET 项目，开放 16 纳米及 7 纳米技术，助力研究人员及学生们探索各种想法，激发他们对快速成长的半导体领域的好奇心与热情。乐高开发的"机器人套件"（Mindstorms），通过开放平台让用户参与改装产品，不仅在市场上广受欢迎，而且也让它成为中学"机器人"课程的必要教具；在测试改进 Mindstorms 升级版 NXT 时，乐高又在官方网站上发布免费积木设计软件"乐高工厂"，并让用户利用图形语言在电脑上进行虚拟搭建，在全球上万名用户中，选中美国印第安纳州拉菲特市的软件工程师史蒂夫·汉森布鲁克和其他几位资深玩家成立乐高玩家智囊团，向他们提供程序源代码，最终大获成功。

个性化定制也是产品或服务供应商和用户进行价值共创的良好机制。用户依据他们的个性化需求，将产品或服务供应商提供的个性化服务引入自己的生态系统中，并与供应商进行互动以形成用户价值。在其中，用户会关注技术、功能、时间、空间和参与者等互动情境，产品或服务供应商则着眼于提供基于用户实现逻辑的匹配方式。从产品到服务，从功能到体验，价值共创的领域在不断拓展。例如，耐克品牌商推出的"Nike By You"运动鞋可让用户添加专属信息，形成个性化标签；建造的 Nike 体育公园的跑道内圈配有 LED 屏，与跑鞋上的传感器连接，可以记录和追踪人们跑步时的动态图像，并投射在 LED 屏上，对每一圈的跑步速度和状态进行前后对比，营造与自己比赛或与虚拟人物进行比赛的现场体验感，创造了信息时代"真正个人化"的用户价值。

从创新开放平台的创建、个性化标签的定制到沉浸式体验的生成，企业与用户的价值共创是一个直接的互动过程，没有互动，就没有价值共创。

2.4.2　社群互动中的用户价值共创

除与企业或社会组织进行价值共创外，社群互动也是用户进行价值创造的主要方式之一。社群的核心是共同的价值观与积极的参与感，它与用户的情感预期及社会认同有着直接关系，用户在社群中可以分享知识、情感和物质等方面的资源，互动体验的过程中共同参与社交、经济和服务满意度等方面的价值创造。社群互动方式越来越多元化，如闲鱼平台上的用户之间除了进行线上交易之外，还有以物易物、免费赠予等交易方式。

以蓬勃发展的哔哩哔哩（Bilibili）社交型视频平台为例，越来越多的用户加入内容生产中，其中有专业用户，也有普通用户，他们之间的互动实现了价值创造与价值传递，形成了"专业用户生产内容"（Professional User Generated Content，PUGC）的互动模式。在内容生态社区中，用户之间基于共同价值得以关联；专业用户形成引领，通过高质量内容发布吸引粉丝，构建社群进行互动，并实现内容变现；平台对专业用户进行培养，对内容进行垂直细分，辅助社群的构建；粉丝群体具有忠诚与追捧属性，具有稳固的凝聚力（图 2-10）。专业用户在平台上生产的内容作为媒介连接着粉丝群体和专业用户，粉丝群体进行内容消费后，围绕内容与专业用户展开互动，形成具有共同兴趣点的社群，二者的互动链由此构建。粉丝群体会自发性或受到平台的互动引导，产生互动行为，通过互动过程中的情感交流，双方形成情感链接。双方通过何种互动形式、渠道实现了何种深度、广度的互动，能感受到多少情感能量，这一切都影响着专业用户与粉丝群体的互动价值。

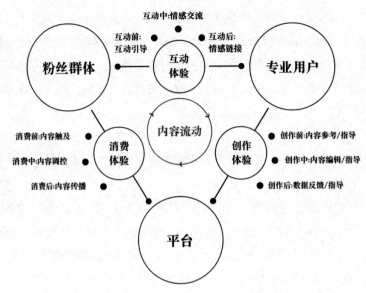

图2-10　哔哩哔哩社群互动模式（绘制者：周俏）

除线上平台的社群互动外，越来越多的基于虚拟现实技术的社群互动场景也不断发展。皇家莎士比亚公司的戏剧《梦》（*Dream*）以动作捕捉技术为创新应用，进行线上线下互动表演，现场表演设置在虚拟的仲夏森林中，观众由演员带领从现实世界进入数字世界，能从世界任何地方通过触摸屏、触控板或鼠标的移动，在演出的关键点引导演员穿越森林，演员表演并响应观众的互动。每场表演都独一无二，创造了由远程观众与演员之间的共同互动而形成的体验价值。

未来，企业、平台或社会组织可以更多关注社群用户，利用大数据等高科技技术对其偏好、兴趣等进行深度分析，为企业尤其是平台型企业搭建用户创新社群的同时，进一步促使用户创造共享的情感价值。

2.4.3　共享经济模式下的用户价值独创

基于互联网、物联网、大数据、云计算和人工智能等信息技术的发展，一种新的经济形态和资源配置方式开始兴起，它就是共享经济（Sharing Economy）。"共享经济是指拥有闲置资源的机构或个人有偿让渡资源使用权给他人，让渡者获取回报，分享者利用分享自己的闲置资源创造价值。"使用权的暂时转移和剩余所有权的转让，使用户既可以是物品或服务的供应型用户（provider user），也可以是物品或服务使用权的需求型用户（demand user），他们成为具有双重身份的"产消者"（prosumer）。"产消者"这一概念是由美国学者阿尔文·托夫勒（Alvin Toffler）在著作《第三次浪潮》中创造的，意指生产性消费者，并预言他们是形塑未来经济的新主角。

在共享经济模式下，用户通过使用由商业机构、组织或政府创建的共享平台，不论是提供自己所拥有的资源，还是获取自己所需要的产品和服务，不论是决定"生产什么"，还是决定"如何生产"，都拥有决定性的话语权，自主性、参与性与独立性等特点更加突出。例如在 Airbnb 平台上，一方面，房东用户会提供许多具有当地生活趣味的或有独特装饰风格的房屋：美国尼亚加拉河畔的房东出租的房屋带有坐落在河面上的甲板，可以让入住者观赏河景，也可以烧烤；澳大利亚格拉夫顿镇上有房东出租了有一百多年历史的别墅，里面的家具陈设都很有历史感；日本京都有一个名叫"天女庵"的民宿，房东在玄关地面上开了个洞，玻璃罩下放有白色砾石和灰色石龛，庭院中还种着一棵古树，禅意十足……另一方面，租客用户可以自由地选择自己喜欢的有着个性化标签的房屋，获得不同于酒店标准化风格的新鲜感和家的温馨感，提升对当地文化和风土人情的了解，从而形成独特的体验。

孟韬等人在研究共享经济平台用户价值独创机制时指出："共享经济作为依托于平台、以个体分享为主、以用户的闲置资源为基础的经济模式，其价值主要产生于用户间的日常生活，涌现于用户的物理、心理等各个生活维度。"[13] 在共享经济背景下，资源提供方用户的经济收益动机和资源需求方用户对新奇性、独特性的体验需求动机是价值创造的驱动力，而两者之间是否能够匹配是价值创造的前提。个性化资源的提供、独特的体验、用户间的互动与分享等活动是进行价值创造的途径，它们发生在用户之间建立连接关系的各个阶段。

在共享经济模式下，用户拥有了更大的主动权和透明度，更能充分发挥自我掌控能力。他们可以独立于企业或组织机构之外，通过共享平台单独进行价值创造，传统的"企业—用户"关系转向"用户—平台—用户"关系，用户与平台成为价值的主要创造者。

2.5　特殊用户

2.5.1　被设计排斥的用户

用户能否使用或很好地使用某些系统、产品或服务，是与用户的外在身体状况和内在心理状态有关的。这些状态体现在用户使用中的感知能力（sensory capability）、认知能力（cognitive capability）和运动能力（motor capability）等方面。以产品为例，产品具有的形状、尺寸、颜色、对比度、材质等特征对用户提出了视觉要求，了解产品是如何工作的则是对用户提出的认知要求，操作方式、所需力度和灵巧性等产品特性对用户提出了一系列动作要求。除用户的感知、认知和运动能力之外，用户的使用可触达性还与用户的社会地位与经济状况有关，同时受到使用环境的影响。当系统、产品或服务忽视了某些人群的需求，缺乏对某些人群的身心状态和能力水平的了解，或者已经有规划地优先考虑特定用户，从而有意地或无意地被设计得让某些人群的现实状况与使用要求之间无法匹配时，这些人群就成为"被排斥的"用户。

（1）因身体障碍被排斥的用户

身体障碍造成的排斥是指由于生理上存在的某些损伤，造成用户无法或不能充分使用系统、产品或服务。身体有障碍者通常指残疾人，同时也包括身体机能衰退的老年人，以及身体临时受伤或身体功能临时受阻的普通人，他们因为生理上的不适应或身体构造的限制而难以使用正常人在正常情况下使用的设计物。据统计，全球每 7 个人中就有 1 个人有某种障碍，是一个庞大的人数。主要包括：

① 视觉障碍：人的视觉能力包括感知精细细节的视觉敏锐度、感知形状的对比敏感度、检测所用颜色范围的颜色感知、感知范围的可用视野以及判断三维距离的深度感知等。盲人或视力受损者因为难以看到物、屏幕、操作键，或无法阅读文字、识别图像，所以不能使用通常的设备与设施，需要特定的辅助工具才能顺利使用。像手机读屏软件 TalkBack 能把屏幕上的文字朗读出来，盲文输入法可以通过六个点打出想要的字母，就是帮助盲人用户操作手机的辅助工具。色盲或色弱也会影响易读性，大约每 20 人中就有 1 个人有某种程度的色觉缺陷，他们辨识颜色的能力迟缓或很差，为他们设计时需要考虑使用高对比度，增加用色区域，避免有问题的颜色组合。

② 听觉障碍：人的听力能力包括检测不同频率声音的能力，语音检测和辨别能力对于具有语音输出功能的产品很重要，声音定位能力对于判断环境中声源的位置很重要。聋人或听力受损者因为无法听到语音提示、电话或广播等声音，可能无法使用一般的音频设备，比如他们使用社交软件时不能用语音交互功能来进行交流。有些设计针对听觉障碍者的使用问题提供了相应的解决方案，如实时转写软件 Live Transcribe 可以用智能语音识别检测身边人说的话，并能转化成文字显示在屏幕上，让听障用户看到别人说的话，帮助他们进行交流。

③ 肢体障碍：大多数产品需要使用人的上肢来进行操作，上肢运动能力包括每只手精细的灵活性和手指功能、抓握时的线性力和旋转力、双手的协调能力和可触达范围；对于需要全身运动和下肢功能的产品，人体的可弯曲范围和移动能力对于控制操作和查看显示非常重要。因某些原因导致四肢或躯干有永久性残疾或临时性障碍的人员，在日常生活中会遇到产品的可用性问题。例如，手指障碍的人受限于手指的灵活性，难以通过控制鼠标、手柄来操作计算机；腿部障碍的人受限于高度，很难使用普通厨房里的高柜子或无法触及开关的电器设备。

为肢体障碍的用户设计可以发展出非常个性化的方式来应对行动需求，因为设计师可以依此洞察如果违反标准假设，人们将如何使用产品。例如，只有一只手的功能的用户如何处理双手任务就是需要提供个性化解决方案的设计创新课题。通过设计出适合肢体障碍人员使用的产品，可以减少他们的使用障碍，提高他们的生活质量。颠覆了整个厨房用具产业的 OXO Good Grips 削皮器，针对患有关节炎的老年人因手指不够灵巧而在削果蔬皮时面临的极大困难，专门设计了防滑手柄以提高抓握力和安全性，不仅赋予了特殊用户使用产品的能力，而且提升了他们的自尊感，同时深受普通用户欢迎，在市场上获得了很大反响。OXO 新式量杯设计成从量杯上方而不是侧面读取刻度，从而避免了不断弯下身体来调整观看角度的需要，白色不透明背景上的各色字体为大多数类型的液体提供了良好的颜色对比度，对运动能力受损、视觉感官不佳的用户有极好的包容性，对所有用户来说更是使用友好且高效的产品。

（2）因认知障碍被排斥的用户

人的认知能力包括选择和集中精力处理某一刺激或任务的能力，对信息进行存储、保留和检索的短期记忆、工作记忆和长期记忆能力，对信息进行推理、判断、类比和解决问题的能力，表达思想和进行交流的语言能力，自我认知和情感体验的能力等。

认知障碍是指与认知能力有关的缺陷或损害，这些缺陷或损害可以影响一个人的学习、记忆、注意力、语言和其他认知过程，比如患有学习障碍的人会难以理解复杂的语言、图形或概念，患有阿尔茨海默病的人会常常忘记服药、找不到回家的路、难以理解简单的说明或指令等。认知障碍会阻碍用户在使用产品时理解信息和完成任务，使一些用户无法看懂说明书和操作演示，或者难以完成实际操作中的复杂任务。认知障碍也会影响用户在使用产品时的记忆和注意力。例如对于那些没有强烈的视觉记忆能力的用户来说，会因为记不住菜单和快捷键而造成计算机软件使用的困难；对于那些没有很强的手势识别能力的用户来说，会因为无法识别屏幕上的图标而导致使用智能手机变得很困难。

为改善认知障碍对用户使用系统或产品的影响，设计师可以采取一些措施，如使用明确的语言和图像，简化操作流程和界面，以及提供足够的上下文和支持材料等，以帮助更多的有认知障碍的用户理解系统或产品，并有效地使用它们。

（3）因心理障碍被排斥的用户

因心理障碍而可能被排斥的用户通常指的是，因为一些心理因素，如焦虑、恐惧、抑郁等，而无法正常使用某些系统或产品，造成被现有设计排斥的用户。例如有些人因为社交恐惧症而无法正常使用微信、微博等社交媒体平台；有些人对科技接受态度消极而缺乏使用高科技产品的意愿；有些人的"洁癖"心理对卫生条件要求很高，无法接受扫地机器人需要用手打开集尘盒并手动倒垃圾的设计。心理障碍常常导致用户的使用动机不足。

对于因为受到心理障碍的影响而无法正常使用系统或产品的用户，可以通过设计对他们进行支持和帮助，帮助他们克服心理障碍，从而使他们能够正常使用。

（4）因使用情境被排斥的用户

某些特定的使用情境对用户使用系统或产品的限制或要求，会造成用户某种程度的使用困难，甚至无法正常使用的情况。比如用户开车时被禁止看手机，在室外光线过强的情况下无法看清屏幕上的内容，在嘈杂的环境中智能音箱无法准确识别声音，抱着孩子、扶着栏杆时会导致上肢无法进行操作，在国外旅游时因语言问题无法使用外文版的产品，或者因操作步骤过于复杂而直接放弃使用等。

设计时应考虑到不同的使用场景和用户需求，以减少因使用场景而造成的使用障碍。

（5）因贫穷被排斥的用户

贫穷常常导致一部分人被排除在产品或服务使用范围之外，这些人通常生活在较低的收入阶层，他们的生活质量也受到很大的影响。因为经济困难，有些人无法购买基本的生活用品，更不用说智能手机、平板电脑等高科技产品；因为缺乏资金，有些人无法获得质量较高的医疗产品与服务，导致他们的健康水平受到影响；由于经济原因，有些人无法获得学习资源，从而限制了他们的发展前景……贫穷是个社会问题。

以经济实用、持久耐用，同时容易被贫困人群获取的产品或服务来解决因贫穷而导致的设计排斥，创造适合于生活在贫穷状况下的人们的产品和服务，以满足他们的基本需求并帮助他们提高生活质量，是设计的重要议题。

（6）排斥计算

了解与用户能力范围有关的信息以评估设计，是设计过程的一个组成部分。乌梅什·佩萨德（Umesh Persad）等人提出了一种排斥计算（Exclusion Calculations）方法（图2-11），用于在正常使用假设下，基于产品对人的感知、认知和运动等能力的需求与预期用户群体实际能力的比较，预测被排斥用户比例和潜在使用困难用户比例，并建议作为设计决策和优先级设置的关键指标[14]。霍斯金（Hosking）等人用一个分段金字塔（Segmented Pyramid）来描述不同能力水平用户的多样性，并以微软（2003）对美国适龄工作（16～64岁）人口的视觉、听觉、认知和语言、行动灵活性方面的困难或损伤情况的调研为例，显示了不同能力水平的人群比例（图2-12）：金字塔的底部代表没有困难的人约占21%，往上依次是有极少困难的人占16%、有轻度困难的人占37%，而顶部代表有重度困难的人占25%[15]。使用分段金字塔来解释人口多样性有助于设计师了解用户的性质和规模，认识到用户之间存在多方面的差异是正常的，这体现了用户的多样性。

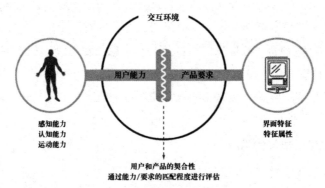

图2-11　用户能力—产品要求模型

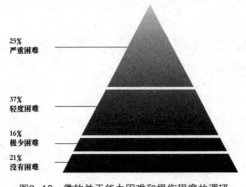

图2-12　微软关于能力困难和损伤程度的调研

针对用户被排斥的现象，对于设计师来说，重要的是要意识到在工作中用户排斥的可能性，并有意识地设计出尽可能多的人可以触及和使用的产品。同时，设计不是只关注有可能被排斥的特定人群，而是应着力于关注整个人群的多样性。老龄化和残障构成了用户多样性的基本面，此外，性别差异、期望差异和使用环境的可选择性等其他关键因素也影响着用户的多样性。面对用户的多样性，如何能够包容不同的人的设计问题变得越来越重要，随着技术实现可能性在设计中的广泛应用，包容性设计越来越受到重视。包容性设计努力在不牺牲美观性和需求力的情况下，将能力受限的用户纳入主流设计之中，在不同参与者的参与下进行用户研究和测试，最大限度地减少对能力较弱人群的排斥，并致力于理解和解决所有潜在用户的需求，将人群的多样性作为一个统一体。这样做除了受到社会责任感的驱动之外，更是因为这也是创造出更多更好设计的有效方法，那些原本为可能被排斥的用户所做的设计可以提升所有用户的体验感。

2.5.2 设计师不是用户

设计师具有双重身份，他们既是创造系统、产品或服务的人，也是使用它们的人。一些创新产品在开发初期就是以设计师的使用体验为依据来进行原型测试与设计完善的。2019 年一经发售就迅速成为热门话题的游戏化健身产品"健身环大冒险"，在将原先奇幻 RPG（角色扮演类游戏）里的操作替换为运动方式的各种设计优化过程中，为了应对玩家用户各种各样的玩法，并且实现让玩家用户心情愉悦地运动的目标，整个开发团队都参与了试用体验。通过设计人员的测试对一些创意想法进行了确认，并对一些感觉太难或玩起来不太愉悦的部分进行了调整。还有一些公司特别安排设计师成为自己公司产品或服务的体验者，以使他们更深入地了解用户需求和产品使用情况，并提高产品的质量和用户体验。如星巴克（Starbucks）曾要求他们的设计师在门店里当一个月的咖啡师，施乐（Xerox）公司曾派遣设计师和服务工程师访问客户网站，感受使用中与产品的互动情况。

但设计师并不是真正意义上的用户，设计师需要常常提醒自己"You are not your user"（你不是你的用户）。

（1）设计师角色和用户角色

设计师作为专业人员，一般具有丰富的设计知识和行业经验，旨在依据自己的专业能力为用户设计最佳的系统、产品或服务。当他们的出发点是以人为中心，而不是以技术为中心时，常常表现出独特的洞察力和理解力。在《About Face 3：交互设计精髓》一书中，作者提到在 Cooper 公司，设计师被客户带入像金融、医疗保健、制药、人力资源、编程工具、博物馆、消费信贷以及其他任何不同的复杂领域时，他们的团队尽管没有接受过培训，也没有接触过需要上手的特定主题，但令客户惊讶的是，他们通常在短短几周内就可以成为专家[10]。

用户则是使用这些系统、产品或服务的人，"用户需要帮助，需要看到机器的哪个部位在运转、怎样运转，以及自己和机器之间是否实现了互动"[16]。用户拥有的知识、经验和能力，以及对使用对象的需求、预期和反馈，与设计师不同，设计师并不能很好地代表用户。

设计师要注意规避信息同步方面的认知偏差，不能假设用户知道设计师了解的信息，也不能要求用户与设计师对物品具有同样的喜好和同样的使用方式。用户体验专家安娜·米扎科夫斯基（Anna Mieczakowski）等提出了运用"目标—行动—信念—对象模型（GABO）"所包含的四个不同阶段，来评估比较设计师和用户对日常产品的理解和使用，以支持设计师更好地了解用户的认知过程，并评估设计产出的可及性和可用性[17]。

（2）设计师表现模型与用户心理模型

为使用户能在日常生活中正确使用各种人工物品，设计师需要将物品的工作原理转换为一种简单清晰、直观可视的概念模型或一种可交互的界面，使用户能够正确理解相关功能和操作方式。这种将物的内在运行机制进行隐藏，并向用户提供对功能和操作的解释内容，以实现操作意图和实际操作之间的匹配的方式，被称为设计师的表现模型（Represented Model），唐纳德·诺曼将其简称为"设计师模型"（Designer's Model）。

"心理模型是指人们通过经验、训练和教导，对自己、他人、环境以及接触到的事物形成模型。一种物品的心理模型大多产生于人们对该物品可感知到的功能和可视结构进行解释的过程中。"[18] 简单地说，用户感知他们需要做的工作以及做这些工作的方式，是他们与使用的系统、产品或服务进行互动的心理模型。设计师的表现模型越接近用户的心理模型，用户就越容易理解和使用。如设计师延续旋钮控制的使用记忆，在滚筒洗衣机操作面板上设计了一个旋钮，就能清晰地向用户指示用手进行旋转来选择洗涤功能的信息。设计师最重要的目标之一应该是使表现模型与用户的心理模型尽可能地匹配。

20世纪的设计发展中，设计师的个人创造力和设计表现力受到极大关注。进入21世纪后，设计师除了站在自己的专业角度去进行设计创新之外，还需要去发现别人的视角，从探索别人的生活中去创造设计的各种可能性。让设计师密切参与用户研究，一方面可以促使设计师将特定的创造性技能或想法带到基于研究的信息分析中，有助于对数据的识别和对问题的界定，特别是有助于对设计解决方案的提出；另一方面则有利于设计师与其他团队的跨学科协作，从而让其他团队深入了解设计思维在分析问题和解决问题过程中的作用方式，形成早期阶段良好的共创模式。

对设计师来说，从理解和探究用户开始进行设计，这是一种新的专业能力，也是一种新的思维方式。

本章参考文献

[1] Nielsen J.Usability Engineering [M].San Diego：Morgan Kaufmann，1993：73.
[2] Yuki T.What makes brands' social content shareable on Facebook？：An analysis that demonstrates the power of online trust and attention [J].Journal of Advertising Research，2015，55（4）：458-470.
[3] 刘伟，刘昱彤，李纯青，等.刷屏的原理：在线内容的病毒式分享机制 [J].心理科学进展，2020，28（4）：

638-649.

[4] Ryan R.Self Determination Theory and Well Being [J].Social Psychology, 2009, 84（822）: 848.

[5] Deci E L, Ryan R M.The General Causality Orientations Scale: Self-determination in Personality [J]. Journal of Research in Personality, 1985, 19（2）: 109-134.

[6] 亚伯拉罕·马斯洛.动机与人格 [M].许金声, 等译.3 版.北京: 中国人民大学出版社, 2013.

[7] 罗伯特·斯考伯, 谢尔·伊斯雷尔.即将到来的场景时代 [M].赵乾坤, 周宝曜, 译.北京: 北京联合出版公司, 2014: 11.

[8] 全国信息安全标准化技术委员会.信息安全技术个人信息安全规范: GB/T 35273—2020 [S].北京: 中国标准出版社, 2020.

[9] 花建, 陈清荷.沉浸式体验: 文化与科技融合的新业态 [J].上海财经大学学报, 2019, 21（5）: 18-32.

[10] Cooper A, Reimann R, Cronin D.About Face 3: The Essentials of Interaction Design [M].New York: John Wiley & Sons, 2007.

[11] Cooper A, Reimann R, Cronin D.About Face 3: The Essentials of Interaction Design [M].New York: John Wiley & Sons, 2007: 42.

[12] Heinonen K, Strandvik T.Customer-Dominant Logic: Foundations and Implications [J].Journal of Services Marketing, 2015, 29（6/7）: 472-484.

[13] 孟韬, 关钰桥, 董政, 等.共享经济平台用户价值独创机制研究——以 Airbnb 与闲鱼为例 [J].科学学与科学技术管理, 2020, 41（8）: 111-130.

[14] Persad U, Langdon P, Clarkson P J.A framework for analytical inclusive design evaluation [C]// ICED 2007, the 16th International Conference on Engineering Design.Paris, France.The Design Society, 2007: 817-818.

[15] Hosking I, Waller S, Clarkson P J.It is normal to be different: applying inclusive design in the industry [J].Interacting with Computers, 2010, 22（6）: 496-501.

[16] 唐纳德·A.诺曼.设计心理学 [M].梅琼, 译.北京: 中信出版社, 2003: 9.

[17] Mieczakowski A, Langdon P, Clarkson P J.Investigating designers' and users' cognitive representations of products to assist inclusive interaction design [J].Universal Access in the Information Society, 2013, 12（3）: 279-296.

[18] 唐纳德·A.诺曼.设计心理学 [M].梅琼, 译.北京: 中信出版社, 2003: 16.

第 3 章

设计导向的用户研究流程

当今，设计已从传统的"物"的范畴延伸到了服务、系统、体验等范畴，不再局限于对形式和功能（form and function）的强调，而是更关注形式和内容（form and content），更关注如何赋予用户价值。尤其在服务领域，价值创造完全取决于用户体验。设计的特性体现为理解用户需求并创造相应的产品与服务，为用户提供新的生活体验。

用户研究是为了更好地理解用户需求而收集和分析用户数据的一种活动，是指"通过对用户在使用产品、环境、服务过程中的行为和心理进行分析，挖掘用户需求、服务用户感受，以保证设计真正符合用户的需要"[1]。具体来说，用户研究通过对潜在的或现有用户的认知、行为、态度和反馈等方面进行调查和分析，获取他们在使用产品或服务时的期望、体验或问题，从而帮助改进产品和服务，或者设计新型产品或服务。在用户研究这一范畴，"用户指的是行为、喜好和需求被观察的人们"[2]。

3.1　设计导向的用户研究

3.1.1　用户研究与设计模糊前期

用户研究是设计模糊前期（fuzzy front end）的一个重要内容。所谓设计模糊前期是指在设计初期，用户需求、设计方案、价值目标等方面的信息和认识尚不具体和清晰的阶段。设计模糊前期的问题常常是无法明确定义、结构不明的，需要进行多次迭代和反复思考，才能确定设计的目标和方向，可以说，识别和确定一个设计问题，是设计模糊前期的重要任务。设计理论家理查德·布坎南（Richard Buchanan）曾以"抗解问题"（wicked problem）一词来概括设计问题的不确定性，指出科学学科关注的是如何依据现有主题去发现它应用的法则、规律或结构，而设计关注的是如何根据特定情景中的问题来创造一个特定的主题[3]。

在设计模糊前期进行用户研究，有助于设计团队通过深入了解用户的需求、痛点和期望，更好地理解问题和接受挑战，确定更符合用户需求的设计目标和主题，避免出现"设计偏差"和"开发偏差"，减少后期修改和调整的成本，提高设计的成功率和竞争力。在设计模糊前期进行用户研究，也有助于设计团队通过全面了解用户的行为、心理和反馈，提升产品或服务的可用性、情感性和参与性等用户体验，增强用户满意度。

在设计模糊前期，设计师需要保持开放、敏感、灵活的态度，与用户、客户和利益相关者进行多方沟通，使用用户调研、竞品分析、用户故事、场景分析、头脑风暴等多种研究方法和工具，来收集和分析相关数据，制定出适配的设计策略，并确保最终的设计方案具备可行性和可实现性。

3.1.2　设计思维在用户研究中的作用

在传统的商业模式中，创新往往被认为是科技或市场驱动的，设计思维则提供了一种全新的思考方式。设计思维"是一种利用设计师的感性理解力和相关方法，将人们的需求与技术可行性和商业战略执行力相契合，转化为客户价值和市场机会的方法"[4]。著名商业战略家、多伦多大学罗特曼管理学院前院长罗杰·马丁（Roger L. Martin）在著作《商业设计：为什么设计思维是下一个竞争优势》（*The Design of Business*）一书中指出，设计创新是除技术创新和市场创新之外的第三种创新，设计思维可以彻底改变企业创造和创新的方式，传统的商业思维往往专注于效率和利润最大化，不足以应对现代世界的复杂挑战，企业需要接受设计思维中注重同理心、实验和协作的原则[5]。英国设计理论家奈杰尔·克罗斯（Nigel Cross）依据设计思维具有的独特创造性和探索性，提出了"设计师式的认知方式"（designerly ways of knowing）一词，认为与传统的科学式认知和分析思维方式不同，设计师使用一套独特的认知过程，核心关注点是"新事物的概念及其实现"，要解决的是"无法明确定义的问题"（ill-defined problem），思维特征是"解决方案聚焦"（solution focused）[6]。

设计思维关注人的需求和体验，强调利用设计师式创新方法将人的需求与商业机会相结合，以此来创造有意义的和有影响力的产品或服务。从设计的角度来进行用户研究的特点之一，就是关注用户与产品、服务之间的关系，用户如何使用产品或服务、用户使用产品或服务的场景、用户使用产品或服务的体验等都会被纳入用户研究范畴。在用户研究中，设计思维可以在以下几个方面发挥作用。

（1）关注人的行为

人的行为是设计中被关注的重点，产品或服务的功能之一就是为用户提供合目的性的使用内容和行为方式。在用户研究中，除通过访谈、问卷等方式了解用户的想法之外，设计思维还可以引导研究者深入了解用户的行为特性，让他们更善于观察和认识用户行为与产品和服务之间的密切关系，并依据用户行为习惯来提升用户的使用体验。

经典的无印良品壁挂 CD 机就是将人们过去用拉绳子的方式来开灯与关灯的经验模型转化为 CD 播放机的使用行为，以电灯的亮与暗代之以音乐的响起或停止，复刻了拉绳的行为记忆，只需轻轻一拉便能让音乐流淌起来。而瑞典斯德哥尔摩地铁口的钢琴楼梯则是为了培养人们多走楼梯的行为习惯而进行的创意设计，通过将楼梯装饰成琴键，并利用传感器采集踩踏的声音与琴声匹配的方法，吸引了更多的人选择走楼梯，这条楼梯的使用率提高了 66%。不论是从人们的行为习惯中去创造新的使用体验，还是以新的使用体验来引导新的行为习惯，都体现了设计思维对人的行为的关注所产生的积极效应。

（2）定义待解问题

设计思维注重视觉化和感性化的思考过程，强调观察力和洞察力，鼓励设计师从不同的角度观察和思考问题，强调设计师需要对用户的需求和期望与物质环境之间存在的某种有机联系不断地进行缜密的编码和原发性的思考。在用户研究中，设计思维可以帮助研究者对未明确定义的问题进行重新构建，更清晰地定义、再定义或修正要解决的问题。

例如，丹麦的 Space Copenhagen 设计工作室在与多家餐厅合作时，会深入了解不同大厨的菜单特点和个性偏好，进行不同的设计定位，从而创造出相应的能带来独特餐饮体验的室内装饰和用餐器皿。NOMA 餐厅大厨雷纳斯·雷泽皮（René Redzepi）以新的北欧烹饪和食物的重新发明和改进而闻名，为此，设计师定义了此餐厅的真诚与权威的基调，以鲜明的斯堪的纳维亚风格和对天然材料的运用来表现质朴的优雅。天葵餐厅（Geranium）的大厨拉斯穆斯·科福（Rasmus Kofoed）喜欢花长时间精心打磨菜肴，又有些挑剔，设计师依此定义了"一个自律的空间"，设计采用了 20 世纪 30 年代经典的严谨风格。

（3）理解事物意义

设计被认为是"理解事物"的过程。在用户研究中，设计思维可以促使研究者去解释对人们可能有意义的事物，并探索以下问题：用户对事物意义的认知应该运用什么方式进行研究？这项研究能带来什么类型的创新成果？用户研究和设计创新这两个概念是如何联系在一起的？对事物意义的理解有助于洞察用户的新需求和新问题，发现潜在机会。

意大利厨具制造商阿来西（Alessi）为深入理解厨具在功能之外对人们的意义，曾在 20世纪 90 年代初开展了名为"家庭跟随虚构"（Family Follows Fiction）的研究项目，构建了一个有关"物品玩具"的新探索场景。这个研究项目以游戏实践方式进行调研，在一个充满物品的房间里，让孩子选择一个物品来摆脱无聊和孤独，以发现物品作为对世界的表达方式与儿童之间的沟通关系，希望突出物品的情感价值，希望创造出像角色一样的物品。这一结果重新定义了厨具的含义，形成了从工具对象到情感对象的双重效果，并将厨具转变为人们可购买的既具有功能用途，又具有情感性、趣味性和象征性成分的物品，从而为 Alessi 提供了一个新产品系列。这些产品创造了关于意义的新知识，在市场上非常受欢迎，使公司在短短三年内的销售额增长了 70%。

（4）形成多元创新

创新是设计的基本活动，设计思维强调通过不断迭代、改进或突破来进行创新。在用户研究中，设计思维可以帮助研究者在获取用户需求后，既可以选择通过对既有产品或服务进行迭代的方式来实现增量创新，也可以通过"技术变化"和"意义变化"驱动的方式来创造全新产品或服务，以满足用户的多元化需求。

以洗碗机为例，自面世以来，它的核心功能就一直伴随着技术的发展而不断改进。喷淋式洗涤方式从压力喷淋演变为旋转喷淋，再迭代为旋转热水喷淋，超声波洗涤方式则经历了震动式、喷射式、气泡式及高能气泡洗等创新过程。无论是对其他产品技术进行迁移应用，还是专门针对洗碗机进行技术研发，技术始终是洗碗机创新设计的驱动力。与此同时，用户需求也推动了洗碗机新品类的出现，如为满足用户在体积小、有空间限制的厨房里放置洗碗机的需求，推出了台式洗碗机这一品类。方太公司则通过挖掘中式烹饪和中国厨房的特点，突破性地创造了水槽洗碗机，在技术思路和功能、安装方式和结构上都形成了与西方洗碗机迥然不同的产品。

（5）深化跨界合作

设计思维强调通过多角度、多层次的合作来推动创新。在用户研究中，设计思维可以帮助研究者建立跨学科、跨团队的合作，以共同解决问题，提高创新效率。

例如2007年由美国辛辛那提大学和宝洁（Procter&Gamble）公司共同创立了Live Well研究中心，致力于进行前沿的用户研究，并将学术、产业与经过实践检验的设计流程相结合，为用户创造独特的设计解决方案。Live Well研究中心创建了一个推动院校与企业合作的新模式，不仅可以分享知识产权，还有利于实现快速创新，真正体现了设计的跨学科合作能力。该中心形成的合作模式如下：一是工作室（studios），负责新产品和服务的开发项目；二是工作坊（workshops），为个体公司提供或与其他成员合作一些短期的或者小一些的创意机会；三是网站和项目日志（website & project process logs），为每个项目建立独立的数据库和分享空间；四是合作论坛（collaborative forum），一个赋能公司去分享知识、与非竞争公司进行"连接和发展"的架构。

3.1.3 同理心是用户研究的专业基础

同理心（empathy）不同于同情心（sympathy）。同理心强调对他人思想、感受和行为的理解，因而可以建立连接；而同情心强调对他人的感受和经历表达兴趣或关心，可能会导致连接断裂。

强调理解和连接的同理心被认为是设计创新的重要品质之一，在产品和服务越来越重视用户体验的情况下，获得对未来用户的同理心理解是关键因素，其价值在设计模糊前期尤为凸显。近几年发布的《科技中的设计趋势报告》都在积极倡导运用"同理心"进行沟通、阐述与设计；作为社会创新企业的领导者，Ashoka基金会也发起了"启动同理心倡议"，鼓励通过"同理心"推广管理和创造性思维的新方法。

人们认为，如果设计师能够与他们的设计服务对象之间产生共鸣，他们将更擅长设计。有一名盲人工程师就是一个很好的例子。他的工作是为视力低下或没有视力的人修改工具和设备，因为与盲人有着相同的经历和感受，他对设计中哪些点会满足他们的需求、哪些点不会满足他们的需求，有着惊人的洞察力。同理心不仅是指导设计实践的有效路径，更是以人为中心的设计的延伸。

（1）同理心与同理心设计

"同理心"的英文"empathy"一词来源于希腊语的"em"和"pathos"，前者表示"进入"，后者表示"热情、感觉"。它是指一种能力，一种即使没有与他人有相同的经历，也可以在情感上理解他人，通过换位思考深入他人感受的能力。库普里和维瑟（Kouprie & Visser，2009）提出同理心有两个成分：一个是认知成分，即想象对方，站在对方的角度理解与体验世界；另一个是情感成分，是一种本能的、情感的、共享的和镜像的体验，即能够感受他人的经历（图3-1）。

护理学者特蕾莎·怀斯曼（Theresa Wiseman）认为，同理心的四个主要特征是：以他人眼光看待世界、不擅作评论、理解他人情绪、传达理解[7]。同理心，就是与他人一同感受，用内心能理解这种感受的部分去建立与他人的连接。

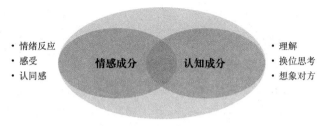

・情绪反应
・感受
・认同感

情感成分　认知成分

・理解
・换位思考
・想象对方

图3-1　同理心成分

莱昂纳德（Leonard）和雷波特（Rayport）引入"同理心设计"（empathic design）时，把它作为了一种技术，认为它是"将多个观点结合在一起并做出有价值的解决方案的一种方式"[8]，用于识别传统市场研究方法无法触及的用户需求。他们建议用开放和好奇的心态在用户环境中进行观察，去发现用户没有意识到或者无法表达的需求，从而形成创新潜力 [8]。同理心方法要求设计不仅专注于解决问题，还要能够生成一种捕捉和探索用户情感和动机品质的尝试，对用户的情感、经历和复杂语境保持敏感度，对用户的感受和想法进行感知、理解和回应，特别是要理解用户在使用物品或服务的情况下会如何看待、体验和感受事物。

（2）同理心与用户洞察

同理心是进入用户生活、理解用户感受和行为的关键能力。对同理心设计特别有帮助的工具和技术涉及三类：设计师和用户之间直接接触的研究技术，向设计团队传达用户研究结果的沟通技术，以及唤起设计师在与用户相关的领域中的个人经验的构思技术[9]。

在用户研究的实践中，同理心工具常常被用来模拟特定的用户特征，增加研究者接受和处理用户信息的能力。例如，戴手套和有色眼镜可以模拟老年人生理机能衰退后的操作能力，穿上一件带有加重"凸起"的孕妇服可以模拟孕妇使用产品或服务的情况，蒙上眼睛可以模拟视障者在黑暗中感知世界的方式，从而有助于研究者了解用户处境，获得深层的情感共鸣，并让他们成为设计过程中的重要利益相关者。

这种直觉性认识、共情式了解的反思能力，使研究者获得了对特定产品、服务或环境相关的用户的理解，并通过反思用户与自身的经历，在情感层面上与用户建立了连接。与此同时，为了形成新见解和新洞察，研究者又要从与用户的情感连接中分离出来，在一个多重实在的设计关系领域里对此做出合理的判断和解释。同理心框架的核心是"走进和走出用户的生活"的变革行动[9]，"走进用户"获得共情的情感本质和"走出用户"形成见解的认知本质具有整合性，突破了研究者原有的认识边界，触发了设计的创造力。

总之，基于"同理心"的用户研究，是一种通过对用户的"尝试性"认同来洞察用户需求，站在用户的角度来思考问题和开发产品，并从用户的经历中获得信息和灵感的共情式创新方法，其能力层级包括洞察、理解、解释、表达、分析、沟通等。

3.2　用户研究流程

英国设计委员会（The British Design Council）于 2005 年研究开发了双钻设计模型（Double Diamond Design Model），它将设计过程分为发现（discover）、定义（define）、开发（develop）和交付（deliver）四个阶段，以简单的图示方式描述了设计中的两次发散和聚合过程。2016 年，丹·奈斯勒（Dan Nessler）对双钻模型做了进一步修订，将四个阶段归纳为两大框架：第一个"钻石"框架是"为正确的事情而做"（doing the right thing），由发现和定义两个阶段构成，其关键点是确定设计要解决的真正问题，以输出体验策略；第二个"钻石"框架是"正确地做"（do things right），由开发和交付两个阶段构成，其关键点是以正确的方式来做设计，以输出体验设计方案。

用户研究过程是洞察和挖掘真正的设计问题的过程，它以确立能够满足用户需求和创造商业机会的设计概念为目的，体现了"为正确的事情而做"的研究取向，也是双钻设计模型中第一个"钻石"框架发现阶段的重要内容，涉及了解用户、探索问题、挖掘需求或迎接挑战并获得洞察等具体行动。由于设计模糊前期需要探索的问题一般是未有明确定义的，用户研究过程中需要保持广泛的视角，从发散性地了解相关领域的知识开始，通过对市场信息、发展趋势、创新想法或其他信息来源的整合分析，通过对用户需求的一系列挖掘、聚类和锚定来提出新产品或新服务的开发假设，或者确立现有产品与服务的迭代方向。

用户研究过程是非常有意义的一个过程，因为它是发现问题的过程，也是设计师学习的过程，同时还是和用户建立关系的过程。基于用户研究的创新有时被称为"领先用户"的创新，可以作为一种有洞察力的工具，引领设计方向。

3.2.1　用户研究流程图

从模糊的未确定的问题出发是用户研究常常面临的挑战。这种挑战中有时可能有相对明确的目标人群，但用户需求和产品品类并不明确；有时可能是产品品类明确，但用户需求并不明确；更有甚者，是用户需求、产品品类和目标人群都不明确。针对以上挑战，用户研究的重点是寻找"应该设计什么，为什么"的答案。

为了系统和结构化地发现用户需求，收集用户体验，用户研究需要经历一个不断聚合问题、收缩范畴、聚焦设计机会，直到设计创新内容被精确定义的过程，呈现为一个子弹头式的流程图（图 3-2）。

从未知问题开始到精准定义，用户研究第一次聚合的目的是洞察用户需求，将模糊的问题锚定为明确的用户期待与目标，以引导后续的设计创新探索。

围绕用户需求来识别产品机会是用户研究中的又一次聚合过程，旨在从满足用户需求的多种途径方法中提炼出具有可行性和价值性的设计创新方向。

依据清晰的目标用户画像，将设计创新见解细化为产品属性、功能、外观、交互方式等具体内容，是用户研究的再一次聚合过程，为新产品或新服务的精确定义提供创意构想。

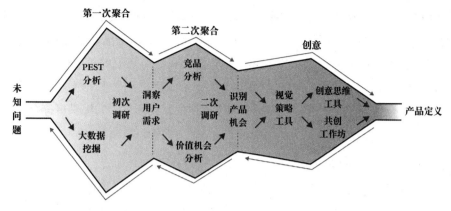

图3-2 用户研究流程图

3.2.2 用户研究的聚合过程

（1）第一次聚合：洞察用户需求

在"以用户为中心"的设计中，确定用户需求是进行设计创新的起点。用户需求是指用户在特定情境下，对于产品、服务或系统所期望的功能、特性和性能等方面的需求。这些需求可能是明确的、清晰的，也可能是暗示性的、模糊的，特别是当新产品尚未面世，用户对它们还没有任何了解的情况下，用户很难确切地表达他们真正想要的是什么。福特汽车公司建立者亨利·福特（Henry Ford）曾说过："如果我去问顾客他们想要什么，他们可能会说：'一匹更快的马。'"这句话传达的意思是，用户通常只能根据他们目前拥有的和已知的选项来表达他们的需求，如果他们只知道马这个选项，他们会说他们想要一匹更快的马，而"一匹更快的马"的深层含义是指用更短的时间、更快到达目的地的工具。因此，了解用户需求的关键是挖掘他们想要的效果或希望达到的目的，而并非具体的途径和手段，用户提到的具体途径或手段可能只是当前市场的写照。设计师作为产品或服务的提供者，在分析用户需求时不能简单地停留在用户的直观表达上。

用户需求常常受到外部社会环境的影响，PEST 分析可以通过政治（politics）、经济（economy）、社会（society）和技术（technology）四个维度来评估社会宏观环境因素对用户需求的影响，探测用户需求的变化趋势。

用户需求也受到用户自身特性的影响，用户的生活方式和行为模式，用户的价值观和特有经历，以及用户的未来期待等都是需要采集的信息。大数据挖掘可以从用户的历史数据中聚合他们的生活方式与行为模式，也可以通过数据和算法来预判发展趋势，从已经发生的和可能发生的两个方面对需求进行验证。

网络数据作为用户研究的一部分，并不能完全替代针对个人的用户调研，第一次聚合时还需要进行针对用户的初步调研。由于此时的"用户"是"预想的用户"，是抽象的群体，与依靠统计数字的量化分析相比，定性研究工具更有助于在初步调研中发掘人群的价值观、需求动机和可能空间，更有助于缩小研究范围，限定或减少有价值的选项和可能性，因而被证明是在复杂模糊的问题情境中理解产品潜在用户和洞察用户需求的更重要的手段。

综上所述，由于研究问题的模糊性和不确定性，在用户研究的第一阶段需要综合运用 PEST 分析、大数据挖掘和定性研究等方法，将用户的想法、行为和态度等信息置于特定的社会环境中进行全面深入的分析与理解，以确立用户的真正需求，为提供更符合用户期待的设计解决方案提供支撑。

（2）第二次聚合：识别产品机会

洞察用户需求分析之后要建立用户洞察力的应用，识别满足用户需求的新产品和新服务的机会，以明确设计的目标和范围。《创造突破性产品：揭示驱动全球创新的秘密》一书中提到："识别产品机会应该成为所有产品、服务和信息处理公司的核心动力。在新趋势的推动下，市场上的现有产品与可能出现的全新或独特的升级产品之间产生缺口的时候，产品机会就会出现。"[10] 这个阶段的关键是在大量的探索和分析中寻找答案，不断地发掘新的解决方案和创新机会。新产品和新服务不仅应该解决现有的问题，而且应该提供新的体验价值。

竞品分析是识别产品机会的关键工具。它是一种系统性的研究方法，用于评估竞争对手的产品、市场地位、市场份额、用户需求以及市场趋势等方面的信息，包括品牌诊断、品类规模和增速、头部品牌、头部单品、目标品类及关联品类对照、与需求相关的产品与服务、与使用场景相关的产品与服务等内容。研究团队可以通过对竞争对手产品特点和优劣势的对比分析，发现目前市场上尚未满足的需求或存在的问题，从市场空白中找到具有潜力的产品机会。研究团队也可以通过竞品分析了解市场上同类产品的共同点和差异点，探求产品的独特之处，在差异化中找到具有竞争力的产品机会。

产品机会也与产品的价值性联系在一起，价值机会分析（Value Opportunity Analysis，VOA）是识别产品机会的另一种方法。价值可以被分解为能够满足用户需求的各种具体的产品属性。《创造突破性产品：揭示驱动全球创新的秘密》一书中确定了情感、美学、产品形象、人机工程、影响力、核心技术和质量七种可以为产品提升价值的机会点，并认为每种价值机会都与有用的、好用的和吸引人的产品特性相关，对提升用户体验都有所贡献。其中，情感的价值机会指向的是用户使用产品时的心理体验；社会及环境的影响力、产品形象和美学的价值机会则反映了用户的生活方式；人机工程、核心技术和质量三种价值机会强调了用户满意度[11]。价值机会的具体内容会随着时代变化或人群变化而变化，但基本上都要涵盖用户体验中的性能目标、效用目标和情感目标三个层次（图3-3）。

在竞品分析和价值机会分析的基础上，需要进行针对目标用户的二次调研，开始为获得更具体的需求做用户调研。此时的"用户"是"目标用户"，定量研究有助于通过量化方法理解用户相关行为的数据分布，将各种洞见和可能性结合起来，进一步细化和具体化，验证在定性研究中获得的信息，帮助排列项目的优先级，并制定可衡量的设计目标。

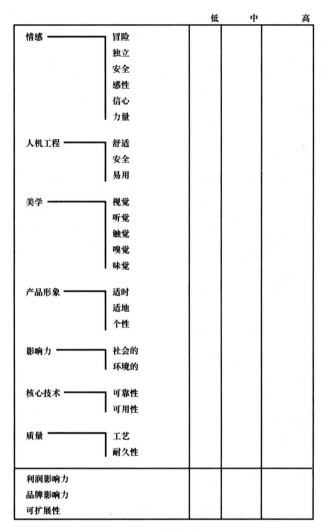

	低	中	高
情感 —— 冒险 独立 安全 感性 信心 力量			
人机工程 —— 舒适 安全 易用			
美学 —— 视觉 听觉 触觉 嗅觉 味觉			
产品形象 —— 适时 适地 个性			
影响力 —— 社会的 环境的			
核心技术 —— 可靠性 可用性			
质量 —— 工艺 耐久性			
利润影响力 品牌影响力 可扩展性			

图3-3　价值机会图

（3）第三次聚合：形成产品概念

在目标用户及需求明确、产品机会也得到识别的情形下，一些创意方法有助于研究团队用产品思维来重构问题，并最大范围地创想产品的各种可能性，然后抽象整理出这些想法背后所隐藏的产品概念和产品特性。

用户模型的构建是激发产品创意的有效工具之一，这些用户模型包括用户画像（persona）、用户体验地图（experience mapping）、故事板（storyboard）等。

用户画像有助于研究团队形成对用户的完整认知，确定新产品在市场中的定位和差异化竞争力，从而有针对性地确定产品概念和核心功能。

用户体验地图用于捕捉和呈现对产品、服务或系统体验中发生的复杂用户互动的关键见解，以可视化图形的方式把模糊需求拆解为用户角色、场景、行为等要素，提炼出产品或服务提升用户体验的信息优先级，在研究团队和利益相关者之间建立知识和共识。

故事板可以通过一系列画面来呈现用户在特定情境下与产品或服务的互动过程的情感体验，启发设计创新方案。

同时，创意思维工具是用于促进和引导设计创意的方法、技术或资源，如 HMW（How Might We）、共创工作坊、玩游戏和设定场景等。它们既是一种设计思维技巧，也是一种设计创意方法，可用于跳出条框思考问题并集思广益寻找潜在的解决方案的创意阶段。

3.2.3 用户研究步骤

用户研究是一个需要被规划的过程。要形成用实证用户数据把需要研究的问题和最终结论连接起来的逻辑关联性，它至少应该处理这几个问题，即"研究什么问题？哪些数据与要研究的问题相关？需要收集哪些数据？如何分析结果？"[12] 值得注意的是，用户研究还是一个反复迭代的过程，通过不断地收集、分析和改进，来优化产品和服务，满足用户需求和期望（图 3-4）。用户研究通常包括以下步骤。

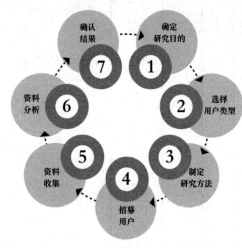

图3-4　可反复迭代的用户研究步骤

（1）确定研究目的

确定为什么要进行用户研究，研究的目标是什么，以及要解决的问题是什么。以最终输出创新设计概念为目标的用户研究，会依据设计要解决的问题来确定自己的研究目的。与设计相关的问题可以分为是进行迭代式创新还是进行突破式创新这两大类，与用户相关的问题形式一般有"什么人""什么事""在哪里""怎么样""为什么"这几种类型。因此，在确定用户研究目标时，可以从是否面向新人群、是否形成新体验、是否建立新场景、是否使用新方式、是否激发新动机等几个维度进行分析，确立某一个单项目标或某几个整合目标来开展研究工作。

（2）选择用户类型

准确地定位合适的用户参与者，包括确定其特征、背景、兴趣等。用户参与者应该与用户研究的目的和需要解决的问题相关，选择合适的用户进行调研，对采集和挖掘有效信息非常重要。对参与用户的选择可以基于抽样方法，如随机抽样、分层抽样、整群抽样等概率抽样方法，或者任意抽样、定额抽样、有目的抽样等非概率抽样方法。

人口统计学特征是确定参与用户的常见条件，如年龄、性别、职业、地理位置、收入水平、教育程度等。这有助于确保研究结果在不同群体中的适用性。

产品或服务的使用经验与使用习惯是确定参与用户的另一个重要条件。以创新设计为最终目标的用户调研，总是与了解特定的产品或服务的使用情况相关，根据研究主题，需要选择特定产品或服务的使用者来参与调研。如有需要，还可依据用户的不同经验水平，再细分为新手用户、中间用户和专家用户等类型，来挖掘不同用户群体的不同需求。有时，研究中也需要设计专业领域的专家或从业者参与，以获得深入见解。

总之，不论是希望在参与者中体现多样性和包容性，以涵盖更多元的信息，还是希望寻找有某些显著特征的典型用户，以挖掘极致需求，都要确保他们具有相应的经验和知识，以提供有价值的资讯。

（3）制定研究方法

根据用户研究的目标和选择参与的用户人群特性，制定收集数据和分析数据的适用方法，并根据研究的复杂性和资源可用性，确定样本规模，即参与者的数量。

制定用户研究方法需要综合考虑研究目标、数据类型、参与者、数据收集工具和分析计划等多个方面，以确保用户研究能够顺利进行并产生有价值的结果。不同的用户研究方法有不同的优势与限制，适用于不同的情境和问题。

观察法、用户访谈、焦点小组、情境分析等定性研究方法，可通过深入的观察和交流来收集非结构化数据，帮助探索和理解用户的情感、态度和行为动机。问卷调查、A/B测试等定量研究方法，可通过收集大量结构化数据，帮助量化用户行为和观点，以便进行统计分析。任务测试、实验法等验证型研究方法，可通过让用户实际操作的方式直接观测用户的行为和反应，以评估设计的可用性和易用性。

在正式进行数据收集之前可进行预测试，以验证研究方法的有效性和可行性，并根据预测试结果进行方法调整。

（4）招募用户

通过不同途径招募符合条件的参与者时，比较常用的招募渠道，包括社交媒体平台、专业社区、论坛或在线群组、邮件邀请、人力资源公司或招聘机构、用户研究工具和平台等。此外，还可以通过"滚雪球抽样"（snowball sampling）的方式来招募一些在总体中比较稀少的用户，即请一些最初选定的被访者提供另一些符合研究目标的调查对象的信息，根据这些线索来选择后续的参与者，以此类推，不断扩大被招募的用户数量。

创建招募材料是招募工作的一项重要内容（图3-5）。招募材料包括招募公告、问卷、调查链接等，它们的表述要求清晰明了，能准确地说明参与者需要做什么，以及他们将获得什么奖励或报酬（如果有的话）。

图3-5 用户招募宣传材料

对申请参与的用户进行筛选，在实践中被证明是必要的，其目的是确保他们符合研究要求并能提供有价值信息，以防止正式调研时出现参与用户对研究主题所知甚少或缺乏使用经验等情况。进行甄别和筛选的方式包括填写问卷、电话面试或在线交流等过程。

需要注意的是，招募用户涉及伦理问题，许多国家和地区要求进行伦理审查并获得必要的许可。调研中要注重保护参与者的隐私和权益，遵循适用的法律和伦理准则，确保研究过程合法合规。

（5）资料收集

根据研究方案，采用相应的方法和技术进行资料收集，并经过数据清洗识别和处理数据中包含的错误、缺失值和不一致性等问题，确保资料的准确性、详尽性、时效性和可靠性。

资料准确性是指资料与实际观察或被调研者的陈述一致，这是保证资料真实的核心。资料详尽性是指资料应包含足够的细节，要有上下文对照，以便于后续分析和解读。资料时效性是指资料采集应在适当的时间范围内进行，过时的资料可能不再具有实际意义。资料可靠性是指资料的来源可靠，且记录的过程没有人为或系统性的偏见，避免主观判断或偏见对数据的影响。

资料采集之中或之后要及时进行记录，而且要注重资料记录的完整性和一致性，对同一类型的资料应以一致的标准和方法记录，确保资料的可比性。特别是定性研究中的录音、录像资料一定要保留，并且整理出完整的笔录，便于其他人员快速查看相关信息（例如看笔录比听录音快）。

完整的资料记录可以避免两种倾向，一种是"证实倾向"，另一种是"记忆偏差倾向"。研究者常有希望证实自己观点的倾向，会不自觉地对资料采集中出现的那些与自己原有观点和假设相一致的信息特别关注，让它们成为总结或讨论的焦点。回顾完整的资料记录有助于研究者还原真实数据，尽可能地抛弃自己的成见，全面地看待调研结果。另外，人的记忆不是照片式的，而是不断被建构的，随着信息的进入，原先的信息有可能被悄悄地修改，我们记忆中某个用户表达的观点或者意愿，有可能和真实的数据并不一致。完整的资料记录可以帮助我们避免记忆出现偏差。

（6）资料分析

将收集到的资料进行整理和分析，旨在提取有价值的信息、洞察和模式。资料分析是一个系统性过程，也是用户研究中最关键的一个环节。资料分析的目标是将大量原始数据转化为有意义的见解，从而帮助研究者更好地理解现象、趋势和关联，避免"所听所见即所得"，直接依赖表面信息去做无效判断。

定性分析（qualitative analysis）和定量分析（quantitative analysis）之间存在很大差异。

定性分析是对非数值化资料进行检验和解释的技术。进行复杂的定性资料分析是最艰难的任务，它更需要研究者的洞察力而不是分析工具。在某种意义上可以说，定性分析不仅是一种科学，也是一种艺术。在分析定性资料的过程中，"三个核心工具是编码、备忘录和概念图"[13]。编码（code），即对个体的信息进行分类；备忘录（memo）是指在研究过程中编写短文本或笔记，既可以描述、界定概念，记录编码意义，也可以提供初始的理论陈述；概念图（concept map）是一种用于可视化和组织概念、思想、关系和信息的图形化工具，对表达概念以及概念之间关系非常有帮助。

定量分析是将资料转化成数值形式进行统计分析的技术。即使做简单的定量资料分析也需要一定层次的统计技巧，进行复杂的、有意义的定量资料分析需要很多思考和想象力，需要对变量之间有意义模式的渴望和确认能力。在分析定量资料的过程中，资料定量、变量分析（variable analysis）是核心内容。资料定量化是将一些非数值形式的资料创建编码方案，转化为可量化的标准；变量是研究中要测量、观察或比较的特性、性质或数量，变量分析的目标是了解变量之间的关系、差异、相关性以及它们如何影响研究结果，包括单变量分析、子群比较、双变量分析和多变量分析等。

定性资料的定量分析和定量资料的定性分析是发展的趋势，它们融合了两种资料分析的特性，避免了单一分析方法带来的弊端。

（7）确认结果

不同的调研方法会产生不同的调研结果，社会科学中的三角测量法（triangulation）可以通过使用多种数据来源、方法或理论来验证、确认和强化研究结果，增强研究的可靠性和有效性，以提供更全面的洞察（图3-6）。"三角测量法的目的是通过所重叠收集的信息，来确认每个不同战略手段所获得的结果。这个重叠的区域被称为集合，被认为是真理的最准确展示。"[14] 也就是说，三角测量法可以从多种研究方法中收集到比较多的调研结果，也可以比较多个不同的调研策略的结果，例如比较和验证焦点小组、用户测试和问卷调研等不同策略形成的结果，来寻找重叠的共同结果。

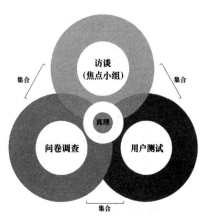

图3-6 三角测量法
（参考资料《设计调研怎么做》）

杨学成、涂科在 2017 年发表的《出行共享中的用户价值共创机理——基于优步的案例研究》一文中介绍了当时以优步（Uber）作为典型案例来研究用户价值创造的方法。文中提到一手数据的获取方式包括三种：对北京地区使用优步出行 1 年以上的 10 位乘客和使用优步载客 1 年以上的 10 位车主进行的深度访谈；研究团队成员分别注册成为优步乘客和优步车主，通过现场的亲身参与观察来获取体验；研究团队成员通过持续跟踪优步司机及乘客的微信群、QQ 群，以及知乎、豆瓣等在线社区进行访谈。文中也说明了二手资料主要是以收集优步平台信息为主，这些平台包括优步官方网站、有关优步的书籍与文献的数据库、关于优步的媒体报道。六种不同方式的资料收集方式，遵循了"证据三角"法则，让不同来源的数据之间形成了三角验证，从而提高了研究的信度和效度，也使研究结论具有说服力和准确性[15]。

三角测量法确认的研究结果通常以图表、图形和可视化方式进行呈现和解释，以便更直观地传达洞察和发现，使其他人可以理解和使用。用户画像、用户旅程图、故事板、情绪板等均是常用的有效可视化工具。

3.3 用户研究中的宏观分析

社会宏观发展环境塑造了市场、社会和技术等设计背景，直接影响了用户的行为、需求和态度。宏观发展环境是不断变化的，用户研究团队需要不断跟踪和了解这些变化，以确保进行的研究和实行的规划能与未来的市场和用户需求保持一致。对宏观环境的分析为用户研究提供了重要的创新语境，有助于预测趋势，指导制定更具有前瞻性的策略和解决方案，因此成为用户研究流程中不可缺少的部分。

3.3.1 PEST 分析

PEST 分析可以作为一种常用的战略工具，用于评估社会宏观环境因素对设计研究项目的影响，通过对政治因素（political factors）、经济因素（economic factors）、社会因素（social factors）和技术因素（technological factors）进行系统分析，来帮助设计团队全面了解相关的法规限制、市场发展、社会趋势以及技术创新等方面的信息，深入理解和诠释对塑造用户的行为、态度和需求产生影响的外部因素，并识别产品机会与挑战，更好地制定设计战略和决策，以应对不断变化的环境。

政治因素包括相关的法律法规、政策制度、意识形态、国际关系等因素，可以主导和引导经济、社会、环境等方面的趋势发展，能直接或间接地影响用户的观念、行为和决策，也会塑造设计的立场和形式。设计要与政治背景和社会期望相一致。

经济因素包括经济发展水平和经济形势预测、市场竞争、资金投入、汇率利率、原材料消费等因素，能直接或间接地影响用户的消费习惯、消费趋势、可自由支配收入及支出模式，也会限制设计项目的预算、成本和可持续性。设计师需要考虑经济条件下的可能性，并探求如何依据用户的消费水平创造出有竞争力且满足市场需求的设计方案。

社会因素包括社会文化发展趋势、人口统计与家庭结构、社会规范、教育水平、健康意识、生活方式、流行与风尚、运动与娱乐等文化和社会生活中相互作用的因素，能直接或间接地影响用户兴趣、偏好、态度、审美趣味等方面，并提供意义驱动的设计发展方向。如随着可持续社会发展理念的提升，用户的可持续消费观和设计的可持续发展战略都不断得到了推广。

技术因素包括科技发展中先进的新兴的技术条件，也包括对现有技术的创新应用等可能，是设计创新的根本驱动力，能直接或间接影响用户的使用行为和生活方式，并对设计的创新能力、知识产权和技术采用等起到促进作用，不仅为设计提供新材料和新工具，而且提供新观念和新方法。如互联网的普及和电子商务的兴起对设计提出了数字化转型的创新要求，推动设计去适应数字化时代的挑战和机遇。

苹果公司第一代 iPhone 手机是一个成功的设计案例，可以使用 PEST 分析来探讨该产品成功背后的宏观环境因素（图 3-7）。

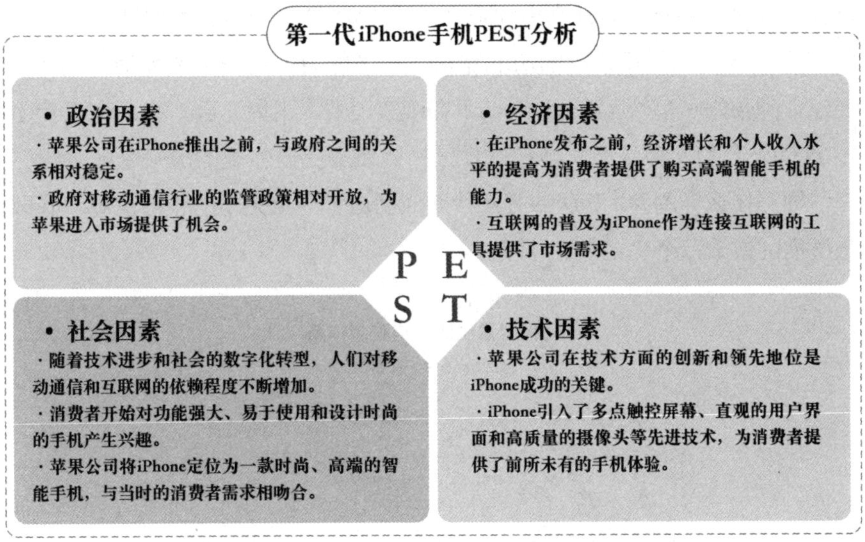

图3-7 第一代iPhone手机的PEST分析

3.3.2 大数据挖掘

大数据是一种正在持续发展和演进的趋势，能够捕捉到庞大的用户行为数据来进行分析，能够识别用户行为模式和需求趋势。如被称为"时尚界 Google"的网站 Lyst 就是依据来自全球 2 亿时尚用户的搜索行为数据，发布了 2023 年度时尚报告，内容包括最带货的明星演出、最好卖的年度品牌／单品、最流行的穿搭风格等多项内容。

随着大数据的不断发展，数据的挖掘与利用也持续得到重视，数据越来越成为宝贵的核心资产，数据驱动下的需求洞察，在用户研究中具有较大价值。用户数据包括用户历史交易数据、用户行为数据、用户注册数据、用户评价数据、用户保修维修数据、用户社交数据、用户对产品与服务的认知和态度等数据，通过对用户各种数据的分析和预测，可以帮助洞察用户的行为模式、偏好、兴趣等信息，并为产品优化或创新提供指导，成为设计能力耦合的新定位。

（1）大数据与全景生活方式观测

市场上的产品一般是基于行业类目视角来设计的，而大数据有助于分析用户的需求连接和消费连接，从而打破类目局限，从用户生活场景维度来聚类用户的真实消费和兴趣偏好，洞察用户趋势需求。

阿里巴巴官方自研的数字商品创新工具"鹿班"企划策，依托阿里 10 亿付费买家精准消费数据、20000 个类目和全平台的品牌及商品池，以打破单一行业视角，打通消费人群标签和数据库的方式，重构了消费者衣、食、住、行、娱乐等生活场景，从消费数据洞悉趋势的变迁，从消费行为解读目标人群的生活方式，实现了从历史数据到预测未来的跨行业趋势追踪的能力。以"买衣服"为例，通过用户的消费数据连接，可以构建一个集服装消费类别与风格、配饰消费类别与风格以及化妆品消费类别与风格等于一体的颜值穿搭生活场景观测体系，来分析用户在这一生活场景中的功能需求、消费能力、消费习惯和消费趋势（图3-8）。这就像时装设计师汤姆·福特（Tom Ford）在观察消费人群时，会对自己和设计团队提出以下问题："穿这件外套的女孩是谁？她在做什么？她要去哪里？她的房子是什么样子的？她开什么样的车？她养什么样的狗？"这种方法帮助他创造了一个完整的生活世界，并做出了塑造古驰新形象所需的数十万个决定[16]。

图3-8　基于大数据的全景生活方式观测

（2）大数据与A/B测试

A/B测试也被称为对比测试和分桶测试，旨在用于对比两个版本的内容的效果，识别哪一个版本对于用户更具吸引力。利用大数据平台，可以进行更大规模的A/B测试，通过在不同用户群体中尝试不同的产品变体或功能，来获得更准确的用户反馈和行为数据，从而评估不同设计选项的效果和影响。

早在2012年，刚刚建立的字节跳动便开启了A/B测试之旅，"西瓜视频"这个名字就是经过用户调研和多轮名字征集筛选之后，由四个待选名字进行A/B测试后确定下来的。随着今日头条、抖音、西瓜视频等全线业务的使用，A/B测试被应用在了推荐、搜索、广告、电商、直播、运营、推送、用户增长和产品迭代等业务场景的决策上，覆盖400多项业务，从最初只服务于推荐算法迭代，发展到包含A/B测试、配置发布、自动调参和探索实验室四大部分，覆盖了A/B测试的整个生命周期。2021年4月字节跳动旗下火山引擎技术开放日上透露的数据显示，字节跳动每天同时进行的A/B测试达到上万场，仅一年就做了40万次A/B测试。

（3）大数据与用户行为信息分析

用户在网络环境中发生的行为，如在购物平台上搜索、浏览、购买、打分、评价、退换货、把货品加入或取出购物车及心愿单等，或者在第三方网站上比价、看相关评测、参与讨论等，又或者在社交媒体上与他人交流、与好友互动等，不论是购买中的行为信息，还是购买前和购买后的行为信息，都可以利用大数据技术来收集、存储、处理和分析。用户在不同阶段的行为路径、点击流和转化过程等，可以深度反映用户的消费心理倾向、消费行为模式与偏好，以及与产品的互动方式，为优化产品和服务的用户体验提供了依据。

全球电子商务的创始者亚马逊（Amazon）对数据的战略性认识和使用是它竞争力的重要组成部分。亚马逊不仅从每个用户的网站购买行为中获得信息，它的移动应用也通过收集手机上的数据深入地了解每个用户的喜好信息，特别是 Kindle Fire 内嵌的 Silk 浏览器可以将用户的行为数据一一记录下来。如页面停留时间、是否查看评论、每个搜索的关键词、浏览的商品等，从而制定了针对用户的个性化服务。如当客户浏览了多款电视机而没有采取购买行为时，在一定的周期内会把适合用户的品牌、价位和类型的另一款电视机促销的信息通过电子邮件主动发送给客户；当用户对电冰箱进行浏览行为时，会根据用户以往的行为信息来推荐在产地、价位、品牌、性能等方面与之相适配的产品。美国第三大零售商塔吉特（Target），通过分析所有女性客户购买记录，可以判断出哪些用户是孕妇，并发现女性客户在怀孕四个月左右时会大量购买无香味乳液，由此挖掘出 25 项与怀孕高度相关的商品，制作了"怀孕预测"指数。

（4）大数据与社交媒体用户信息分析

大数据时代社交媒体数据的爆炸式增长为用户研究提供了新的机会。通过监测和分析社交媒体平台上的用户讨论、意见和反馈，可以了解用户对产品、品牌和行业的看法。这些数据可以揭示用户的认知、态度、情感和新的沟通模式，反映在社会、经济或环境变化的基础上出现新产品和新服务需求的可能性，为产品定位和市场营销策略提供参考。

奥维咨询（AVC）曾提取某消费者论坛 2 个月的监测数据，通过对论坛用户年龄和学历的分析，发现 85 后和 90 后用户占 70% 以上，80% 以上的用户为专科以上学历。因此可以推断出这是一个新型的消费领域，用户讨论的信息则反映出他们渴望成功、渴望归属和友情，勇敢、时尚但消费能力不足的特征。社交平台 Facebook 也曾使用大数据来追踪识别用户在网络中的好友，更多的好友意味着用户会分享更多照片，更新更多状态，玩更多的游戏，与 Facebook 之间的黏度就越高，可以依此给出新的好友推荐建议。

3.4　创意策略与方法

用户研究不仅要通过创见性地对用户资料进行收集与分析以形成新洞察，还要依据新洞察创造性地生成解决问题的新思路。如何运用创意策略与方法来激发创造性思维并为设计提供有价值的解决方案，是用户研究中的重要环节。

3.4.1　HMW 方法

"How Might We"（简称 HMW）是一种创新性的问题定义技术，它把要解决的问题或面临的挑战转换为"How Might We……"（我们可以怎样）开头的问题，以头脑风暴的方式来集思广益潜在的解决方案。How（怎样）强调问题的解决方案，Might（可能）强调创造性和开放性，We（我们）强调团队合作和共同参与。

HMW 方法的优势在于它可以帮助团队从不同的角度思考问题，鼓励创造性思维，并鼓励团队成员共同参与问题的解决过程。它是一个有助于推动创新的强大工具，适用于产品设计、服务改进、流程优化等各个领域。

（1）分解问题

"How Might We"方法的核心是将问题分解为更具开放性、启发性和创意性的形式，以促进创新思维。在分解问题时，可以运用不同的技巧和角度来拆解问题，例如采用积极、转移、否定、拆解和脑洞等拆解方向。

积极（positivity）：在问题分解过程中，强调积极的态度和语言，关注解决方案、机会和改进。积极向的 HMW 问题可表述为"我们可以通过做哪些事情，让用户自己来解决这个问题？"

转移（transfer）：将问题从一个领域或背景转移到另一个领域或背景，以寻找新的视角和创意，这可以帮助打破固有思维模式，激发新的想法。转移向的 HMW 问题可表述为"我们如何通过让其他人解决这个问题，从而解决用户这个问题？"

否定（negative assumption）：制造问题的否定性假设，然后尝试寻找与这些假设相反的解决方案，这可以帮助挑战刻板思维，引导创意产生。否定向的 HMW 问题可表述为"我们如何让用户放弃这个想法？"

拆解（decomposition）：将大问题拆分成更小、更具体的子问题，然后分别思考每个子问题的解决方案，这有助于将复杂的问题变得更易管理和理解。拆解向的 HMW 问题可表述为"我们如何把这个问题拆解成 2～3 个小任务？"

脑洞（brainstorming）：在创意生成阶段，允许不受实际可行性或限制性因素制约的想法涌现，通过脑洞，可以发现潜在的独特解决方案。脑洞向的 HMW 问题可表述为"我们如何畅想理想的解决方案？"

在 HMW 分解问题进行构思这一阶段，应专注于产生大量的想法而不作判断，创意数量比质量更重要。如果最初的"我们可以怎样"的问题分解方式不能产生足够多的想法，那么就用新方法重新进行分解，以鼓励新的思考。

（2）记录与筛选创意

将所有的创意记录下来，可以使用白板、便笺、电子文档等方式。确保每个创意都被记录，无论它看起来多么疯狂或不切实际。在所有创意生成完毕后，开始筛选和整理这些创意。可以根据可行性、潜在影响、资源要求以及与目标的一致性等标准来评估筛选最有潜力的创意。

（3）制定解决方案

采纳最有希望的想法，并努力将其发展成具体的解决方案。这可能包括创建原型、进行实验，或进一步细化概念等，然后在小范围内实现解决方案以测试其有效性，收集反馈并根据所获得的见解进行迭代。

3.4.2　共创工作坊

共创工作坊是一种有组织的开放协作的创新过程。它由设计师和没有接受过设计专业训练的利益相关者在设计研发过程中以工作坊形式分享和整合不同的想法、经验和知识，通过"联合探究与想象"（joint inquiry and imagination）[17]，来共同探索、讨论和定义一个设计问题，并共同探索、发展和评估可能的设计解决方案。

共创工作坊强调知识、经验的生成与组合，突出了分享与想象相结合的感知方式，以及发散与收敛相结合的思维方式。

（1）联合探究与想象

"联合探究与想象"强调了人们合作探讨问题、发展新思想和解决挑战的能力。"联合探究"（joint Inquiry）意味着不是设计师或研究团队的独立思考与探索，而是来自不同背景和专业领域的参与者们对设计内容和设计过程形成的共同理解，从而有利于获得对复杂问题更全面的理解，并朝着期望的方向进行设计改变，共同探索可能实现的设计目标。想象力（imagination）指的是创造性思考和构思新想法、解决方案或可能性的能力，它强调超越传统思维模式来推动创新的边界，它在共创工作坊中不仅有助于对他人想法和感受做出同理心反应，而且有助于通过跳脱现有模式来构思可替代模式。想象力是共创工作坊整个过程的关键。

共创工作坊的本质是通过利用不同人员的集体智慧和参与来解决设计问题、进行设计创新或完成设计任务，即通过群策群力来确定做哪些"正确的设计"以及如何"正确地做设计"。共创工作坊支持探索开放性问题，不预先确定结果的形式，非常适用于设计模糊前期面向抗解问题（wicked problem）的创新发现。

用户是共创工作坊的重要参与者，设计师有必要重点关注用户的参与。一方面，研究人员和设计师需要转向用户，对目标用户保持同理心，关注他们真正的期望，激发他们的想象力，让他们充分表达自己的创意与想法。另一方面，用户也需要转向研究人员和设计师，进行参与式设计，为设计提供在特定情况下采取改变行动的资源。相关研究表明，通过与用户共同设计和开发产品可以促进用户的友好程度和对产品的接受度。

（2）视觉化共创工具

在共创工作坊中，研究人员或设计师需要提供促进参与者进行共创的工具包，对参与者使用他们感知和构思能力的方式和程度产生作用，以激发表达、分享和形成同理心。这些视觉工具涉及图形、照片、模型、原型（prototyping）等各种视觉素材，包括故事板（storyboard）、情境地图（context mapping）、用户旅程图（journey maps）、剪贴画（collage）等各种工具类型，有用于唤起记忆的情感工具包、用于表达想法的认知工具包和用于构想未来的情境工具包等组合策略。

运用视觉工具可以帮助参与者清晰地浏览设计过程，以有趣的方式参与设计任务，促进共创工作坊期间参与的积极性和构思的创造性。它体现了共创工作坊中设计材料工具的重要性。

（3）探索式迭代过程

共创工作坊可以由以下三个密切相关的部分组成，在理想状态下，它们是一个完整的迭代过程。

① 感知式探索和定义问题

面对要探究的不确定情况，个人主观经验是联合探究过程的关键要素，表达和分享这些经验至关重要。因为探究（inquiry）不是一个纯粹的逻辑过程，而是一个把感受（feeling）作为有用的和有指向的存在的过程。通过精心组织的互动过程，力求形成每位参与者能从自己和他人的经历中汲取经验的方式。在分享式探讨的基础上，形成对问题的感知并进行定义，然后在迭代过程中进行重新阐述与细化。

共创工作坊中对问题的感知能力会被强调。感知能力是指一个人看到、听到、触摸到、闻到和品尝到当前情况是什么样的能力[17]。它可以成为一种对问题的理解方式，来决定在工作坊中哪些具体建议会被接受，哪些建议会被驳回。

② 概念化想象解决方案

设计思维中包含着问题的设置和解决方案的发现这两者之间的密切关系，精确的感知问题的方式有助于构思具体的解决方案。

针对当前被定义的问题，共创工作坊中可用概念化的方式来探索和发展解决方案。概念能力是一个人想象或设想未来可以是什么情况的能力，概念化是产生新想法和新解决方案的一种方式，其目标是得到一个或多个有关未来产品、交互方式或使用场景的提案。

工作坊的参与者们通过一些共创工具来概念化可替代的或更理想的状况，寻找解决问题的设计方法，让想象力贯穿始终。

③ 系统性评估创新方案

在共创工作坊中，定义的问题和概念式解决方案之间的关系需要得到评估，并可以创造性地、富有成效地协调参与者之间可能存在的价值冲突。

不同背景的参与者在构思解决方案时，会提出各自感兴趣或与各自利益相关的创新概念，重新理解这些不同观点和动机对于可能的解决方案的价值与意义是必要的。"理想情况下，参与者可以探索和定义项目的范围和边界，并批判性地讨论手段和目的，以及手段和目的之间的关系。这种系统化的方法可以促进系统思维，因为参与者会更加了解项目的范围和边界，系统视角可以帮助他们产生创新的想法和解决方案。"[17]

3.4.3 应用案例

（1）目的

在前期桌面研究和入户深访的基础上，研究团队对洗碗机未来使用场景进行了分析，为依据不同场景生成的机会点形成可能性的设计创新方案。本工作坊组织了由洗碗机真实用户、生产洗碗机的企业人员、设计专家和研究团队成员等组成的多方利益者群体（表3-1），运用共创工具，互相探讨交流，以深入理解洗碗机在不同使用场景中的行为动线和真实需求，激发大家想象理想的未来产品的创造力。

表3-1 共创工作坊参与人员的角色作用

身份	人数	作用
真实用户	4	参与讨论，分享使用经验和故事，提出痛点和期待，帮助验证并扩展前期用户调研获得的信息，为创新方案提供来自用户的视角
企业人员	4	作为对产品最为了解的业内人员，为研讨提供技术支持和产品专业知识，确保设计创意的可行性
设计专家	4	为创意的发散提供设计方法指导，提供设计思维和设计工具激发创意
研究团队成员	8	作为项目的实际执行人员参与讨论，提供共创工具，并将工作坊阶段性讨论结果进行可视化呈现，同时协调用户与企业双方的需求

共创工作坊按照不同的洗碗机洗护场景分四组进行，每组中不同身份背景的参与人员相互协作、共同探讨（图3-9）。

图3-9 共创工作坊不同背景的参与人员

（2）共创工作坊流程

① 产品知识和用户调研介绍，同步各参与者研讨信息

工作坊的参与人员并非对洗碗机产品都有足够深入的了解。在工作坊讨论正式开展之前，需要通过各参与人员之间的破冰沟通和工作坊主持人对相关信息和背景的介绍，从技术、产品、市场、使用体验等角度将参与人员对洗碗机的了解程度进行拉齐。

开场：洗碗机宣传视频欣赏。通过洗碗机宣传视频的播放，调动与会人员的讨论积极性，建立讨论氛围。

热场游戏：洗碗机印象。由各参与者分别写出三个词，来概括自己对洗碗机的印象，并进行组内交流，分享自己对产品的使用感受和经历。

知识普及：主持人讲解洗碗机功能、结构、原理、竞品、市场等知识。

信息共享：入户调研情况说明。图文展示研究团队前期的调研结果，继续同步有关洗碗机的用户需求、期待和使用体验方面的信息。

② 绘制场景故事旅程图，明确使用场景与需求

场景定位：让参与者使用"场景故事旅程图"这一视觉工具，用文字或图画完成相关内容的填写，包括各场景中的行为活动、触点、环境、痛点或需求、启示、创新功能点等（图3-10）。

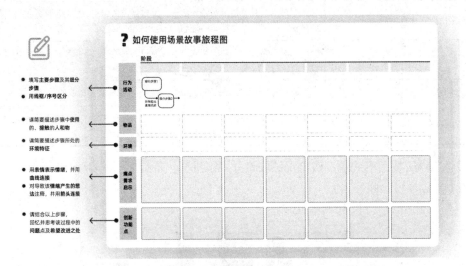

图3-10　场景故事旅程图

故事构想：洗碗机生活场景故事发散。围绕洗碗机使用的具体场景和需求，各组绘制洗碗机的使用故事，并进行分享汇报。

③ 使用 Crazy 8 发散工具进行头脑风暴，探索创意方案

头脑风暴：每组确定需求后结合空间场景、洗护需求、智能化、外观细节、情感体验等方面，通过 Crazy 8 进行快速创意，即每位参与者被要求在 8 分钟内提出 8 个创意点子，每组形成 40 个初步创意（图 3-11）。发散后进行组内评选，保证每组输出不少于 5 个创意方案（图 3-12）。

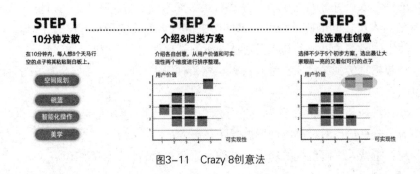

图3-11　Crazy 8创意法

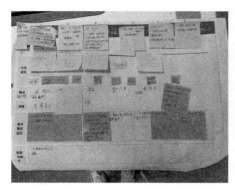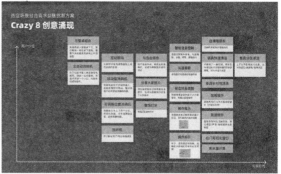

图3-12　创意发散与整理结果

④ 各组采用手绘方式表达创意方案

可视化创意方案：各组对评选出的 5 个创意方案进行视觉表达，并参与组间评选，由其他四个小组投票选出契合该组场景主题的 2 个最优创意方案。各组对这 2 个创意方案进一步讨论完善（图 3-13）。

图3-13　组间投票评选创意方案

完善共创画布：组员讨论达成共识后，基于创意点完善两份共创画布的内容填写，最后展示并介绍各自方案。

（3）启示

第一，通过共创工作坊的多方协作，充分利用了用户在使用细节上的反馈、企业人员对技术的了解、研究团队的调研信息以及设计专家掌握的设计方法，充分整合了各方资源来为产品设计提出可能的创意方向。

第二，根据需要对用户旅程图进行了调整，更加关注产品使用场景，删除了情绪波动曲线，更换成在不同使用场景下产品触点所体现的功能需求、痛点和设计启示，有效推进了对场景的快速确定，对需求的精准定位。

　　第三，Crazy 8 可以在短时间内激发大量创意，结合小组内部和小组之间的打分评价，能够全面且精准地覆盖更大的创新可能。

本章参考文献

[1]　陈绍禹，朱婕，张帆 . 用户研究方法在办公环境设计中的应用——以 M 公司办公环境改造设计为例 [J]. 装饰，2017（02）：115-117.

[2]　贝拉·马丁，布鲁斯·汉宁顿 . 通用设计方法 [M]. 北京：中央编译出版社，2013：10.

[3]　Buchanan R.Wicked problems in design thinking [J].Design Issues，1992，8（2）：5-21.

[4]　Brown T.Design thinking [J].Harvard Business Review，2008，86（6）：84.

[5]　Martin R.Design of Business：Why Design Thinking is the Next Competitive Advantage [M].Harvard Business School Press，2009.

[6]　Nigel Cross. 设计师式认知 [M]. 任文永，陈实，译 . 武汉：华中科技大学出版社，2013.

[7]　Wiseman T.A Concept Analysis of Empathy [J].Journal of Advanced Nursing，1996，23（6）：1162-1167.

[8]　Svela K Ř，Keitsch M.Communicating Empathic User Insights [J].Proceedings of Nord Design 2016，2016，1：63-72.

[9]　Kouprie M，Visser F S.A framework for empathy in design：stepping into and out of the user's life [J]. Journal of Engineering Design，2009，20（5）：437-448.

[10]　乔纳森·卡根，克莱格·佛格 . 创造突破性产品：揭示驱动全球创新的秘密 [M]. 北京：机械工业出版社，2018：8.

[11]　乔纳森·卡根，克莱格·佛格 . 创造突破性产品：揭示驱动全球创新的秘密 [M]. 北京：机械工业出版社，2018：57.

[12]　罗伯特·K. 殷 . 案例研究：设计与方法 [M]. 周海涛，等译 . 重庆：重庆大学出版社，2004：24.

[13]　艾尔·巴比 . 社会研究方法 [M]. 邱泽奇，译 .11 版 . 北京：华夏出版社，2018：397.

[14]　詹妮弗·韦索基·欧格雷蒂，肯尼斯·韦索基·欧格雷蒂 . 设计调研怎么做：了解客户真实需求的方法、战略、流程与案例 [M]. 上海：上海人民美术出版社，2021：40.

[15]　杨学成，涂科 . 出行共享中的用户价值共创机理——基于优步的案例研究 [J]. 管理世界，2017（8）：154-169.

[16]　Forden S G.House of Gucci [M].New York：HarperCollins，2021：257-258.

[17]　Steen M.Co-design as a process of joint inquiry and imagination [J].Design Issues，2013，29（2）：16-28.

04

Chapter

第 4 章

综合的用户
调研方法

从方法层面上看，用户调研可以被视作设计活动中的重要工具，对于解决设计中的复杂性问题非常重要。

用户调研能够通过系统性的方法和技术来获取丰富的用户信息，识别和了解目标用户的需求、偏好、动机及行为习惯，从而建立起设计师与用户之间的情感共鸣，并通过洞察力将设计目标与用户需求之间联系起来，最终锁定设计问题。与此同时，用户调研也可成为进行项目沟通的工具，调研结果不仅有助于对设计概念的阐述，而且也有利于设计师与合作伙伴、利益相关者之间对设计目标达成共识。

虽然用户调研可以为设计创意提供启发，但它不会直接提供设计创新方案。基于用户调研的设计洞察与创意决策既是对用户调研成效的扩展，也是形成设计创新方案的必要环节。从用户调研内容（包括文字、语音、图像、影像、实体材料等不同格式）中发现潜在价值，赋予设计概念以新思路，是用户调研的最终目标。

用户调研有许多具体方法，选择何种适当的调研方法取决于研究问题的性质、可用资源和数据需求。通常，研究者会根据问题的复杂性和研究的深度选择合适的方法，也会采用多种方法相结合以获取更全面的信息。

不论是为新产品明确创新方向，还是为已有产品提升用户体验，用户调研注重挖掘的关键信息都应该包括用户需求和动机、用户行为和习惯、用户态度和偏好、用户反馈和意见等。并为以下调研问题给出答案：用户是谁？他们扮演什么样的角色？他们的生活方式和价值观是怎样的？哪些因素影响着他们使用产品或服务？使用中存在哪些问题？他们对产品或服务又拥有怎样的期待？他们如何学习新的任务？他们会为新的设计而改变吗？什么样的产品或服务将满足他们的期待？

4.1　常规调研方法

设计导向的用户研究常常在设计模糊前期面临对不确定问题进行深入理解和洞察的挑战，需要通过多种探索性调研方法来帮助更好地获取有效信息、分析复杂问题、构思创新可能性。探索性调研意味着研究问题通常比较开放，不限定具体的假设或预期结果，旨在将收集与分析信息作为洞察问题的基础。

在进行用户资料的收集、分析、解释等实践活动中，实地观察、深入访谈、焦点小组讨论、问卷调查等是比较常见且被广泛采用的调研方法，具有较高的可靠性和可重复性。不同的工具、技术和方法会依据不同的研究目的进行不同的应用。用户调研既可以通过与人们的各类访谈来了解用户特性，也可以使用问卷调查来分析人们购买产品的动机及其关注点，还可以使用行为观察法来发现人与产品之间的互动关系。在一个项目或课题中使用全套方法是不现实的，但综合使用多种调研方法以形成更为立体的洞察，是有益的做法。

4.1.1 实地观察

实地观察法是指研究者根据一定的研究目的、研究提纲或观察表，有计划地运用自己的感官和辅助工具去直接观察被研究对象，记录他们的行为和文化现象的调研方法。实地观察法能使研究者以一种深思熟虑的、计划周详的、主动的方式进行调研，这种方法并不涉及与被研究对象之间的问询、沟通或者互动的环节。

在用户研究中，实地观察法通常有助于了解用户在日常生活真实场景中自然状态下的实际行为模式及决策过程，可以获得对他们与产品、服务或环境进行交互的相关情况的丰富理解，并确定问题发生的区域。

实地观察法必须深入实地，"实地"的选择是进行观察的基本要求。研究人员需要遴选与研究问题密切相关，又易进入、易观察的场景，以确保能够观察到真实生活中的用户行为，比如家庭、办公室、商店等用户使用产品、服务或系统的实际环境。研究人员根据特定的时间、地点、设备和环境等情境，通过直接观察用户所说、所做、所感来获取数据（图4-1）。

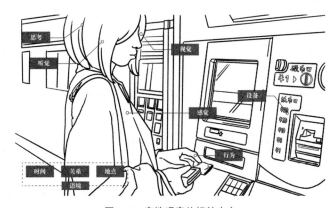

图4-1　实地观察的相关内容

言语观察：仔细聆听用户说些什么，包括语调、语速、选择的词语等。语言中的细微变化和选择可以揭示出情感、态度和情绪。

非言语观察：观察用户的非言语表达，如面部表情、姿势、手势、眼神等。这些非言语信号可以透露出用户关于满意、惊喜、冷漠或不满、失望、受挫等内心感受。

行为观察：观察用户的行为方式及行为过程，如操作设备的先后顺序、操作流畅度、行为习惯等。

情境观察：观察用户所处的环境，包括人际关系、物理空间、环境中的物品以及完成任务的预期时间等因素。情境可以对情感和行为产生影响，通过情境观察可以更好地理解影响其行为的一些线索。例如，为了解滴滴打车软件的使用情况，研究者可以参与到用户的实际使用场景中去进行观察：坐在司机旁边进行行车内调研，观察司机如何在狭小的空间固定手机并且使用界面，从而为提升软件功能提供依据；在城市复杂交通路段（如高架桥）进行调研，观察司机因路况复杂经常需要掉头或绕路去接乘客时，对乘客打车后需要等待的时间的影响，以帮助更好地提升对乘客需要等待时间的算法和等待体验的优化。

　　共情观察：主动将自己置身于用户的角色，设身处地地感受他们的情感和体验，深入理解他们行为背后的动因，唤起与用户之间的情感连接。共情观察的目的是使用户的经历成为激发设计创新灵感的素材。

　　以上各种类型的观察内容可采用摄影、摄像或笔记等方式来记录。用照片或视频记录观察，有利于事后分析材料时还原现场，甚至可利用面部表情识别软件、声音情感分析等情感识别工具或技术来帮助捕捉可能错过的重要细节，同时还可以提供证据，向合作伙伴或利益相关者展示需证实的内容。

　　需要注意的是，观察法并不总是适用于所有情况。在一些情况下，用户可能会受到观察本身的影响，从而导致其行为不自然或不准确。此外，观察法通常需要时间和资源，因此在决定使用此方法时需要进行权衡和规划。

4.1.2　深入访谈

　　深入访谈是一种通过研究人员与受访对象面对面交流来收集信息和细节的调查研究方法，旨在通过用户自己的言语来深入了解其有关生活、态度、观点、需求和行为等方面的内容，以及不愿公开分享的敏感性信息。

　　用户访谈是用户体验研究的关键组成部分。研究人员可以发现，与其他调研方式相比，通过直接与用户交谈能更容易获得对他们的需求、痛点和行为的洞察力，这些见解可以被用来为产品和服务的创新设计提供信息，以更好地满足用户的需求。

　　（1）访谈类型

　　根据访谈者对访谈的控制程度可以将一对一访谈分为三种主要类型：非结构化、结构化和半结构化。

　　非结构化访谈与日常对话最相似，是最灵活的访谈形式。研究人员根据大致的访谈目的，提供一个开放性的问题指导，但不限制受访者的回答方式，受访者可以自由陈述。这种方法通常产生深入且富有洞察力的数据，但数据分析可能较为复杂。

　　结构化访谈正好相反，是一种严格预定问题的访谈形式，类似于口头进行的问卷调查。研究人员提前设计好一系列问题，并以相同的顺序和方式访问每一位受访者。结构化访谈的问题通常是封闭式的，受访者需要从预定的选项中选择回答。这种访谈方法有利于数据的标准化和比较分析，但也存在封闭式问题的选项容量有限，无法涵盖所有可能性的局限。

　　半结构化访谈在一定程度上结合了结构化和非结构化访谈的特点。研究人员会事先准备一些开放性问题，在访谈过程中也允许有灵活性，以便根据受访者的回答进一步深入探讨。这种方法允许受访者自由发表意见，同时保持一定程度的控制，以确保研究目标得以实现。

　　总之，访谈方法的选择取决于研究目的、研究问题以及研究人员的偏好。结构化访谈适用于需要标准化数据的情况，半结构化访谈在深入探索特定主题时很有用，而非结构化访谈则允许受访者自由表达，产生更为详细和丰富的信息。不同类型的访谈方法可以根据研究需要灵活运用，以获得最有价值的数据。

（2）访谈提纲

制定详细的访谈提纲是访谈取得成效的基础工作。访谈提纲是一份详细列出访谈中需要探讨的问题、主题和顺序的指南，可以帮助访谈者在访谈中有条不紊地引导对话。访谈提纲要确保访谈涵盖了研究所关心的所有问题，不出现遗漏；访谈提纲还应该确保在多个访谈中保持一致性，使数据更容易进行整理、比较与分析；访谈提纲也可以灵活调整，以适应不同受访者的情况。访谈提纲常常使用开放性问题，鼓励受访者详细描述他们的观点、经历和感受，避免仅收集肤浅的表层信息。

（3）访谈技巧

遵循有针对性的讲故事技巧是访谈深入进行的有效方法。访谈法除了希望获取用户的想法之外，更专注于用户与研究主题相关的产品或服务之间已经发生或可能发生的故事。要注重通过一系列开放式问题来引导对话，而不是注重提问题本身，目的是鼓励用户分享他们的故事。

倾听和共情是深访过程中的专业要求，深访需要耐心、敏感度和良好的沟通能力。在整个过程中，要注意倾听受访者的回答，积极展现共情，表达对他们感受的理解和关心。要尊重受访者，确保他们感到舒适并愿意分享他们的经验和观点。

（4）入户深访

与一般深访相比，入户深访更加适用于为家庭场景中的设计问题提供资讯（表4-1）。入户深访强调了解受访者在家庭生活环境中的实际情况，可以更好地洞察受访者的生活方式、家庭布局、个人空间等环境因素，以及家庭成员关系、家庭活动、家庭文化等背景因素对其行为和体验的影响。

表4-1　入户深访事项

项目		内容
材料准备		入户访问大纲； 测量设备； 拍照、录像设备（像素高的手机也可以，有充足的内存空间和电池电量）； 记录本（记录访问过程中发现的问题点和场景，有些可以画图记录）
注意事项	不要随意走动	尽量不要离开受访者的视线，如果有需要可以询问受访者以后再进行。因为陌生人到访，受访者会有警惕心理，离开其视线会使其感觉不安，干扰访问
	拍照录像	拍照或录像需征得受访者同意，一般进行全过程录像。拍照可以在访问前或结束后统一进行，如需在访问进行中拍摄，需避免干扰访问
	不要暴露身份	不要跟受访者提特定品牌，避免受访者顾虑品牌而不表述真实感受
	疑问最后集中提出	尽量将访问过程中想追问的内容记录下来，最后一次性追问
	避免诱导性提问	尽量避免诱导性的提问，如"这样是不是比那样更好？"需要换成"这两种方法您更喜欢哪种？"
	当天内容当天反馈	为保证记忆清晰度，当天的访谈内容需要当天进行记录整理，团队内部及时进行沟通交流

4.1.3　焦点小组

焦点小组（Focus Groups）是一种集体访谈方法。它由一个经过训练的调研者主持，以一种无结构的自然形式来组织一组参与者（通常为具有相同特征、背景或兴趣的目标用户）进行访谈，用于讨论与某个产品、服务或设计问题相关的话题，以深入洞察一个群体（而不是一个人）对有关产品或服务的观点、体验、情感和态度，从而获得对研究主题更深层次的理解。这种方法的价值在于常常可以从自由进行的小组讨论中得到一些意想不到的发现。

焦点小组中每组参与者的数量可以在 4～12 人之间，以每组 6～8 人为最佳，每种类型的用户可以选 3～4 组。

（1）参与者互动

焦点小组作为一种定性研究方法，其优点是参与者之间的互动。这种自由进行的小组互动讨论中常常能激发大家提供一些新信息，提出一些新想法，获得比用户单独访谈更多的启发。此外，当参与者的观点被其他人认为有价值时，能更积极主动地提供有关解决方案的可能性设想。同时，焦点小组在调研时间上没有严格要求，通常持续 1～2 小时，可以快速完成调研任务，便于及时高效地收集信息。

（2）聚焦主题

焦点小组从开始到结束都是由主持人来把控访谈节奏，来组织协调访谈过程。与单独访谈一样，研究者也需要准备一个讨论指南，其中包含一系列开放性问题，这些问题可以涵盖研究主题的各个方面，以促使参与者提供详细的回答。

焦点小组的挑战是要确保讨论聚焦于主题，让参与者专注于需要讨论的问题，以避免在多人互动中偏离话题。如果在访谈中出现新的问题，主持人需要评估与主题的相关性。

（3）保持中立

在焦点小组进行过程中，主持人需要保持中立，不提供自己的意见，以避免询问带有主观引导性或可能曲解参与者回答的问题，避免影响参与者的反应。主持人应该营造一种自由轻松的发言氛围，积极引导讨论，确保参与者有机会分享他们的看法、经验和观点，必要时追问细节以促使参与者深入探讨话题。主持人需要一名记录员的帮助，来记录调研笔记，注意捕捉重点，排除不必要的评论，确保笔记的价值性（图 4-2）。

（4）焦点小组的使用阶段

焦点小组在产品研发流程的多个阶段均可使用。在设计初始阶段，焦点小组旨在获取产品或服务使用情境的新信息以及目标用户的真实需求。在设计创意产生阶段，焦点小组可用来测试产品或服务的设计概念，快速评估用户对某一新概念的接受程度，以及这些观点背后的深层意义。焦点小组也可以被用于迭代设计过程中的关键点，以获得用户对现有产品的反馈意见，为改进原有设计提供指南。

图4-2　开展焦点小组的关键

虽然在设计研发的不同阶段使用焦点小组方法时，会有不同的侧重点，但共同目标都旨在通过这个方法快速找出用户对某一设计问题的大致观点，以及这些观点背后的深层意义和目标消费群的真实需求。

焦点小组的局限是结果可能不具有普遍性，因为参与者只代表了特定群体的观点；同时参与者容易受到互动同伴的影响，并默许特别有影响力的成员的意见。

4.1.4　问卷调查

问卷调查是一种高效的、在短时间内完成大样本数据收集的结构化方法，通常可以获取比深入访谈和焦点小组更大规模的样本数量。这种方法通过设计和分发标准化的问题或陈述，来收集定量或定性数据，用于分析和研究人们的观点、态度、行为及特征。

问卷调查法具有成本低、数据收集效率高、能够涵盖大量被调查者等优点。然而，它也可能受到样本偏差、回答偏见、问题设计不良等局限的影响。

（1）调查问卷的信度和效度

在进行问卷调查之前，研究人员需要明确研究目的，设计一份适当的问卷。问卷设计直接影响着数据的质量、可靠性和适用性，问卷的信度和效度是评估问卷测量工具质量的两个重要方面。

问卷的信度指的是问卷测量的稳定性和一致性。一个具有高信度的问卷意味着在不同的时间和条件下，测量的结果应该是相似的或高度一致的。常用的信度检验方法包括测试—重新测试法（在两个时间点进行测试并比较结果）、内部一致性（在问卷中的不同问题之间进行比较）等。

问卷的效度指的是问卷是否测量了所要测量的概念或变量。一个具有高效度的问卷应该能够准确地衡量研究中所关注的特定概念。常见的效度检验方法包括内容效度（问题是否涵盖了研究概念的方方面面）、构造效度（问卷是否与其他已建立的测量工具相关）等。

（2）调查问卷的基本结构

一个有效的调查问卷应当包括引言、背景信息、问卷主体及结语几个部分。

引言部分是调查者写给被调查者的一封简洁明了的信，内容包括身份介绍、调查目的说明、重要性和保密性申明、答题方式等。引言部分可以激发被调查者的兴趣，增加其参与调查的意愿。

背景信息部分主要收集被调查者的人口统计特征基本信息，包括年龄、性别、职业、教育程度等。这些信息有助于将调查结果进行分析和分类。

问卷主体部分是问题表，包括与调查主题相关的一系列问题。问题应当清晰、具体，并以逻辑顺序排列，以便被调查者理解和回答。要注意设计的问题数量，数量过多使人疲乏，数量过少又难以获得有效信息。根据调查目的可以设计不同类型的问题，如填空题或选择题，单选题或多选题，条件型问题或排序型问题，开放性问题（要求被调查者提供详细回答）或封闭性问题（被调查者从预定义选项中选择），用于测量认知的语义差异量表（Semantic Differential Scale）或用于测量情感的李克特量表（Likert Scale）等。

结语部分包含对参与的被调查者的感谢，并再次强调调研的重要性。还可以提供联系方式，以便被调查者在有需要时进行进一步沟通。

（3）问卷设计技巧

设计一个有效的调查问卷需要考虑问题的合理性、逻辑性、问卷长度、问题类型、答案选项设置，以及与其他相关测量工具之间的关系等因素，以确保能够获取准确、有意义的数据。同时，还需要进行预测试，即在正式调查之前对问卷进行小规模测试，以发现和解决潜在问题并予以修订。

① 提取调研主题关键词

问卷必须与调查主题紧密相关，因此，从调研主题中提取若干关键词，围绕每个关键词来设计若干问题，有助于确保问题不偏离主题，使其更具有合理性和逻辑性。以"调查洗碗机的用户体验"主题为例，可提取"用户""洗碗机""体验"三个关键词。围绕"用户"，可设计"用户基本情况""用户使用洗碗机的情况"两类问题；围绕"洗碗机"，可设计"产品外观＆功能""产品品牌＆竞争力""产品价格＆服务"等几类问题；围绕"体验"，可设计"信息感知体验""操作逻辑体验""情感体验"等几类问题。

② 跳题和分支逻辑

有时候，基于之前的回答调查问卷中的问题会跳过或展开，以确保问卷的针对性和高效性。例如，如果被调查者回答自己不使用某种产品，那么与该产品相关的后续问题可以被跳过。

③ 封闭性问题与开放性问题融合使用

封闭性问题和开放性问题各有利弊。封闭性问题（选择题）可以提供具体的选项，易于回答，易于分析，但答案被限定，很难有新发现；开放性问题（填空题）可以让被调查者自由表达，提供更深入的信息，有利于探索意外结果，但难以量化比较，难以统计，同时因回答麻烦，易被拒绝。

在问卷设计中主要以封闭性问题为主，但可设计少量开放性问题以鼓励被调查者的创造性回答。

④ 清晰的问题陈述

良好的问卷设计需要简洁明了的陈述方式，避免使用复杂的语言或术语，避免空泛，避免双重否定，避免一个问题涉及两个以上的概念或事件。另外，也需避免诱导性提问，避免涉及个人敏感或隐私的问题。

（4）数据收集

一旦问卷设计和样本选择完成，研究人员可以通过多种途径进行数据收集，如在线调查、线下调查、电话调查等。

在互联网社会，在线收集问卷数据已成为常见方法，在线问卷平台非常多样，如国外的SurveyMonkey、Google Forms，国内的问卷星、腾讯问卷等，它们提供了创建、分发和收集问卷的工具。

使用在线平台创建问卷，除按照问卷设计技巧完成问卷外，还可以根据需要调整问卷的外观和样式，如颜色、字体、布局等，使其更具有吸引力；也可以设置问卷的访问权限，如是否需要密码、是否限制每个被调查者只能回答一次等。

在线平台还可以生成一个问卷链接或二维码，方便研究者将此链接或二维码通过电子邮件、社交媒体、网站等渠道进行分享，招募被调查者。一旦问卷发布，就可以随时在平台上查看数据收集的进度，监控回答情况。当数据收集完成后，可以从平台上导出数据，通常以表格或电子表格的形式保存，以便后续分析。

在线收集问卷数据时，要注意保护被调查者的隐私，确保数据安全和保密。

（5）数据分析

收集到数据后，研究人员会使用统计分析软件、数据分析工具或编程语言（如 Excel、SPSS、R、Python）对收集到的数据进行整理、清洗和分析。分析可以包括统计方法，如频率分布、平均数、标准差等，以及更复杂的分析，如相关性分析、回归分析等。在数据分析的基础上，研究人员会对研究问题进行解释，得出结论并讨论研究结果的含义。

Microsoft Excel 是一个广泛使用的电子表格软件，可以进行基本的数据整理、描述性统计和简单的图表制作。

SPSS（Statistical Package for the Social Sciences）是专业且用户友好的统计分析软件，适用于各种统计方法，包括描述性统计、回归分析、因子分析、聚类分析等。它功能强大、操作简单；但是需要在本地下载安装，在处理复杂分析或定制化需求时，灵活性相对较低，在处理大规模数据时，性能可能受限。

R 是一个开源的统计计算和图形化软件，拥有丰富的统计分析包，提供了广泛的统计函数和方法，可以进行复杂的统计和数据挖掘，如各种统计推断、假设检验、回归分析、时间序列分析、导入和导出数据、数据清洗、数据重塑等。此外，R 还可以创建从简单的散点图到复杂的热力图和交互式图表的各种各样的可视化图表。R 对于初学者来说可能存在学习曲线，相比其他工具可能需要更多的编程。

Python 是一种通用的编程语言，拥有强大的数据分析库（如 NumPy、Pandas、SciPy、StatsModels、Scikit-learn 等），支持灵活的数据处理和可视化。它不仅可用于数据分析，还可用于 Web 开发、机器学习等多个领域，具有广泛的应用性。但对于没有编程背景的人来说，它的学习曲线比较陡。

研究者可以根据自己的需求、背景和偏好来选择数据分析工具。如果希望简单易用、适用于小规模数据分析，可以选择 SPSS；如果对统计分析有深入需求，且乐于学习编程，可以选择 R；如果希望有一个通用性强、可用于多个领域的工具，并且愿意学习编程，那么 Python 是一个不错的选择。同时，根据任务的复杂性，也可以组合使用不同的工具。

（6）日记式问卷

与传统问卷调查不同，日记式问卷是一种要求受访者在一定的时间跨度内（如一周、一月或更长时间）记录自己的感受、活动和想法的数据收集工具，通常以书面形式（即受访者手写或打字记录）或电子方式（即通过电子表格、手机应用或在线平台进行记录）提交。

日记式问卷将日记研究和问卷形式进行了整合，适用于需要深入了解受访者在某一领域持续性的体验和行为的研究。它鼓励受访者以自然观察的方式记录事件和感受，而不是回顾性地记录，这有助于减少回忆偏差，使研究者更接近真实的受访者经历。

■ 案例：宝洁公司头发理疗新产品用户测试中的日记式问卷

2015 年，位于美国辛辛那提的宝洁公司（P&G）为开发面向亚洲女性市场的头发理疗产品，在该市招募了 6 位分别来自中国、日本和韩国的女性用户，年龄在 20～50 岁之间。宝洁公司共需测试 7 套头发理疗样品，每套理疗样品依据三个步骤分装为 step1、step2、step3 三瓶产品。用户每周领取一套样品、一套日常洗发水与护发素使用，并进行使用反馈，整个调研活动持续 7 周。

用户被要求每天进行纸质问卷形式的日记填写，在家中完成，填写时依据每周样品使用后的不同时间对应不同问题。样品试用的第 1 天和第 7 天需要填写的问卷内容相对比较多，内容丰富；第 2 天到第 6 天只需要填写一页问卷，内容相对简单，且大致相同。

① 第 1 天（试用样品后即时填写）

第 1 天使用后立即需要填写的问卷量最大，共 4 页 16 题，其中包括 10 题开放题、5 题选择题和 1 题李克特量表。开放题用于描述头发与头皮情况，描述样品使用过程中的体验，以及描述对样品的好恶、功效感受等；选择题用于对试用样品使用效果和使用体验的评价，包括用户当前的发质情况，试用品品质的等级评价（从优秀到差分五个等级），试用品与期望程度的一致性等问题；李克特量表用于询问对试用样品观点性表述的认同程度（图 4-3）。

例题一：描述你在理疗步骤 1 中的体验，包括从配药、涂抹、按摩到冲洗的所有过程，你看到了什么？感受到了什么？闻到了什么？（开放题）

例题二：试用的样品（步骤1、2、3）与你的预期相符情况如何？（选择题）

□比预期好很多　□比预期好一点　□与预期差不多　□比预期差一点　□比预期差很多

例题三：今天试用的样品（步骤1、2、3）与沙龙深层护理产品的品质是一样的，你赞同这句话吗？（李克特量表）

□非常赞同　□赞同　□不一定　□不赞同　□非常不赞同

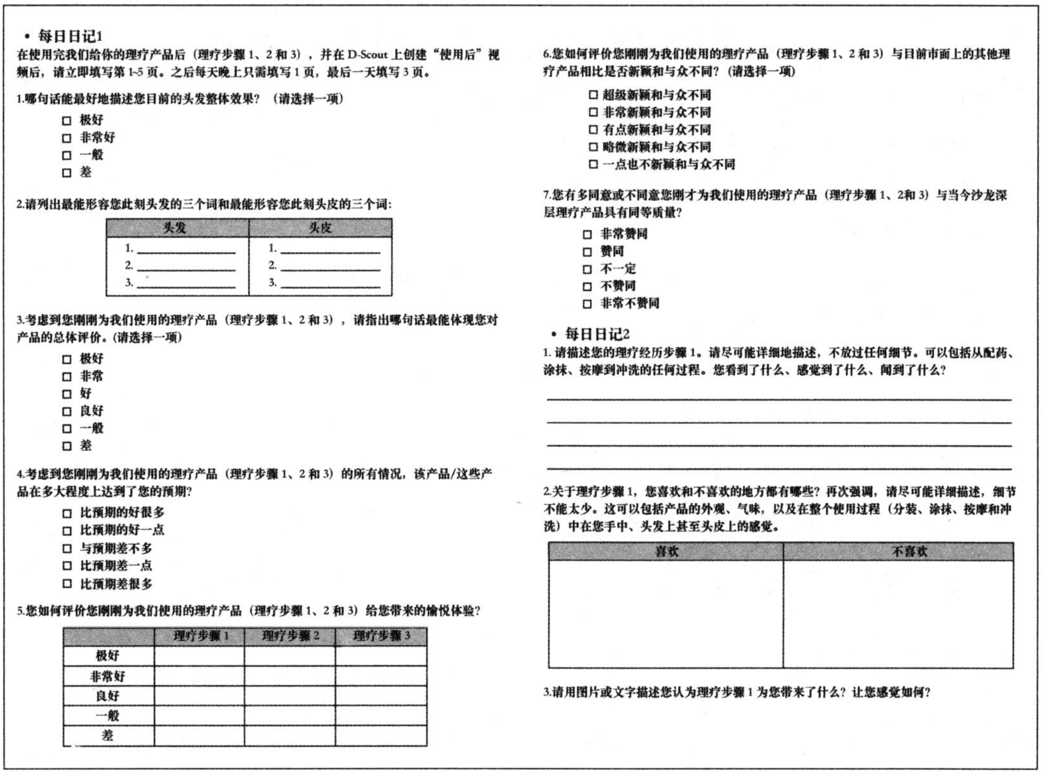

•每日日记1
在使用完我们给你的理疗产品后（理疗步骤1、2和3），并在D-Scout上创建"使用后"视频后，请立即填写第1-5页。之后每天晚上只需填写1页，最后一天填写3页。

1.哪句话能最好地描述您目前的头发整体效果？（请选择一项）
□ 极好
□ 非常好
□ 一般
□ 差

2.请列出最能形容您此刻头发的三个词和最能形容您此刻头皮的三个词：

头发	头皮
1.	1.
2.	2.
3.	3.

3.考虑到您刚刚为我们使用的理疗产品（理疗步骤1、2和3），请指出哪句话最能体现您对产品的总体评价。（请选择一项）
□ 极好
□ 非常
□ 好
□ 良好
□ 一般
□ 差

4.考虑到您刚刚为我们使用的理疗产品（理疗步骤1、2和3）的所有情况，该产品/这些产品在多大程度上达到了您的预期？
□ 比预期的好很多
□ 比预期的好一点
□ 与预期差不多
□ 比预期差一点
□ 比预期差很多

5.您如何评价您刚刚为我们使用的理疗产品（理疗步骤1、2和3）给您带来的愉悦体验？

	理疗步骤1	理疗步骤2	理疗步骤3
极好			
非常好			
良好			
一般			
差			

6.您如何评价您刚刚为我们使用的理疗产品（理疗步骤1、2和3）与目前市面上的其他理疗产品相比是否新颖和与众不同？（请选择一项）
□ 超级新颖和与众不同
□ 非常新颖和与众不同
□ 有点新颖和与众不同
□ 略微新颖和与众不同
□ 一点也不新颖和与众不同

7.您有多同意或不同意刚才为我们使用的理疗产品（理疗步骤1、2和3）与当今沙龙深层理疗产品具有同等质量？
□ 非常同意
□ 赞同
□ 不一定
□ 不赞同
□ 非常不赞同

•每日日记2
1.请描述您的理疗经历步骤1。请尽可能详细地描述，不放过任何细节。可以包括从配药、涂抹、按摩到冲洗的任何过程。您看到了什么、感觉到了什么、闻到了什么？
＿＿＿＿＿＿＿＿＿＿＿＿＿＿＿＿＿＿＿＿＿
＿＿＿＿＿＿＿＿＿＿＿＿＿＿＿＿＿＿＿＿＿
＿＿＿＿＿＿＿＿＿＿＿＿＿＿＿＿＿＿＿＿＿
＿＿＿＿＿＿＿＿＿＿＿＿＿＿＿＿＿＿＿＿＿

2.关于理疗步骤1，您喜欢和不喜欢的地方有哪些？再次强调，请尽可能详细描述，细节不能太少。这可以包括产品的外观、气味，以及在整个使用过程（分装、涂抹、按摩和冲洗）中在您手中、头发上甚至头皮上的感觉。

喜欢	不喜欢

3.请用图片或文字描述您认为理疗步骤1为您带来了什么？让您感觉如何？

图4-3　第1天日记式问卷第1、2页题目

② 第2天（样品试用24小时后）

用于了解试用一天之后产品功效的留存情况。问卷共1页6题，其中包括1题开放题、4题选择题和1题李克特量表。

例题一：今天有人评价你的头发吗？他们是怎么说的？（开放题）

例题二：你使用过的理疗产品是否还保留在你的头发里，是否对你的头发有影响？（选择题）

□是的，还保留在头发里，有很大效果

□是的，还保留在头发里，有适度效果

□是的，还保留在头发里，有轻微效果

□我不知道

□不，没有保留，也没有效果

例题三：你今天有一头好发质，你赞同这句话吗？（李克特量表）

□非常赞同　　□赞同　　□不一定　　□不赞同　　□非常不赞同

③第3天（样品试用两天后）

问卷共1页6题，题型与题目基本与第2天相同，只有1题开放题做了调整，更改为："请各用三个形容词描述你的头发和头皮。"

④第4天（样品试用三天后）

问卷共1页6题，内容基本与前两天相同，但取消了开放题，增加了一道选择题，旨在了解除了试用的样品之外，对其他洗发水和护发素的使用情况。增加的选择题如下：

到目前为止，你使用了多少次洗发水和护发素？

□我还没有使用　　□1～2次　　□3次　　□3次以上

⑤第5天（样品试用四天后）

与第4天问卷基本相同，只将第4天增加的一道选择题又进行了替换，来了解理疗样品与使用的其他洗护产品之间的功能关系。替换的选择题如下：

洗发水和护发素对延长你使用的理疗样品的效果有影响吗？

□是的，有大的影响

□是的，有适度影响

□是的，有轻微影响

□不知道

□不，没有影响

⑥第6天（样品试用五天后）

问卷共1页8题，其中1题开放题、6题选择题和1题李克特量表。相较于第5天的问卷，开放题和选择题各增加一题，其余5题选择题和1题李克特量表与第5天问卷内容相同。

增加的开放题：用三个词描述你现在头发的状况。

增加的选择题：你如何评价日用洗发水和护发素对带来愉快体验的作用？

□极好　　□很好　　□好　　□一般　　□差

⑦第7天（样品试用六天后）

问卷共3页15题，其中包括6题开放题、8题选择题和1题李克特量表。问卷旨在了解样品试用一周后的效果，了解除样品之外，用户对公司提供的洗发水和护发素的使用体验情况。

例题一：用图片或文字描述护发素对你有什么作用？它给你的感觉如何？（开放题）

例题二：你如何评价你现在的头发？（选择题）

	极好	很好	好	一般	不好
健康保湿					
具有轻盈的动感					
具有洁净、健康的光泽					

	极好	很好	好	一般	不好
不毛躁					
具有连续一致的发纹					
没有不必要的蓬松感					
没有被压塌					
看起来很清新					
看起来很干净					

4.2 可用性评估

可用性评估是一种用于评测产品、服务或系统是否高效易用并能有效达到目标的方法，能帮助识别潜在的机会，为创新设计方案提供提升用户体验的有价值的指导思路。

用户研究的目的是洞察需求、探索设计机会，围绕这一目的，可用性评估可以发挥有效作用。它可以通过观察用户在测试中的行为和反馈，使研究团队更深入地了解用户的需求、期望和优先事项；它也可以提供关于用户对不同设计选项的偏好和反应的洞察，有利于研究团队进行更有针对性的设计决策；它还可以帮助验证研究团队的假设，以确定用户是否能够轻松地理解和使用产品，是否能够实现预期的任务。

在设计模糊前期的用户研究阶段，一般可采用形成性评估（formative evaluation），即在开发过程中为设计创新而进行的评价，通过对现有产品的可用性评估来借鉴优点，规避缺点。形成性评估常用的方法是心声法（Think Aloud，TA）、启发式评估（Heuristic Evaluation，HE）和认知走查法（Cognitive Walkthrough，CW）。这三种可用性评估方法各有优缺点。心声法提供了少数测试用户的良好定性数据，但实验室环境可能会影响测试用户的行为。启发式评估是一种廉价、快速和易于使用的方法，但它经常发现过于具体和低优先级的可用性问题，甚至发现的不是真正的问题。认知走查法有助于发现用户和设计师对任务的概念化之间的不匹配，但它需要广泛的认知心理学知识和技术细节来应用。

4.2.1 心声法

心声法要求参与者在进行任务时将他们的思维过程以口头方式表达出来，从而帮助研究者了解他们的认知过程、决策和问题解决方法。这种方法能够提供有关用户行为和思维的深入见解。心声法通常用于基于实验室的用户测试，但它也会有多种变体，包括在用户工作场所而不是在实验室将思维过程大声说出来。

心声法使用示例：

在开发一个用于在线购物的新移动应用时，要用心声法测试用户在浏览和购买商品时的体验。

研究人员：（指导用户）"请打开我们的购物应用，然后请您随时说出您的想法和反应。您可以尽量详细地描述您在应用中所看到的、所感受的以及所做的事情。"

用户：（开始使用应用）"我现在在首页上，看到了各种商品的图片和标题。让我看看这些新到货的衣服……"

用户：（浏览产品列表）"我会点击这个衣服的图片来查看更多细节。哦，这里有价格和尺寸选项。让我选一下颜色……"

用户：（选择颜色并添加到购物车）"好的，我选择了蓝色，并把这件衣服加入购物车。现在我要继续浏览其他衣服。"

用户：（继续浏览和选择商品）"这个裙子也不错，我要点击它来查看详情……现在我要选择尺寸……"

用户：（完成购物）"好的，我选择了尺码，然后把它加入购物车。现在我要去购物车查看已选商品……"

在这个例子中，用户在使用移动购物应用时因为使用了心声法，所以研究人员能够听到用户的思考点和操作方式，了解他们在浏览和购买商品时的决策过程、界面使用体验等相关信息。采集这些信息有助于产品团队发现用户可能遇到的问题、界面的易用性问题以及用户对功能的需求与喜好。这些洞察可以用来进行产品的创新设计，以提升该应用程序的用户满意度和使用体验。

心声法的研究目的是让研究人员深入了解工作记忆的过程，它也可以用于研究在执行相同任务时的个体差异。有研究者提出，因为只有在思考后迅速进行的口头表达才能准确反映思维意识，研究人员必须关注参与者的"即时意识"（immediate awareness），而不是对行为的回顾性解释。此外，还有许多思维过程在工作记忆中没有用语言表达，要么是因为它们是自动的（例如识别熟悉的单词和图像），要么是由于它们的"中间"过程太快了，以至于没有时间用语言表达。因此，研究人员需要非常谨慎地选择研究任务的类型和难度、适当的提示程度，并使用其他数据来支持从心声法中推断的情况[1]。

心声法的优点是通过参与者大声表达思维过程，可以让研究者更好地了解想法的具体细节。但它对研究者提出了设计任务要适度的要求，艰巨的任务要求对参与者产生高认知负荷，简单的任务要求又达不到评估效果，中等难度的基于语言的活动对参与者来说是相对合适的任务要求。

4.2.2　启发式评估

启发式评估是由用户体验设计专家雅各布·尼尔森（Jakob Nielsen）和罗尔夫·莫里奇（Rolf Molich）于 1990 年首次提出的一种可用性检查方法。它旨在通过少量评估者（专家或经过启发式训练的新手）来识别界面设计中违反启发式原则的可用性问题，以提升用户体验。

启发式评估是一种经验性的评估方法，评估者在评估过程中要将自己的专业知识和经验与启发式原则结合起来，发现问题，提出建议。这种方法通常能够在早期发现问题，从而减少后期的修复成本，并提高用户体验的质量。

尼尔森提出的十个启发式原则是重要的评估工具，这些原则被广泛应用于设计、评估用户界面。它们包括[2]：

① 系统状态的可见性：强调让用户了解系统状态并能够进行反馈。

② 系统与现实世界的匹配性：强调使用用户熟悉的术语和概念，并遵循现实世界的惯例，反映用户在现实世界中的认知和经验，以减少用户的认知负荷。

③ 用户控制和自由度：强调用户能够对系统自由地操作，提供撤销、返回和取消操作的选项，可以使用户返回原先的状态，增加用户的控制感。

④ 一致性和标准：强调在设计元素、术语、布局、操作方式等方面保持一致性，并遵循已知标准。

⑤ 错误预防：强调设计应该具有防止用户出错，以及在出错时能够给予明确的提示。

⑥ 识别而不是记忆：强调尽量减少用户必须进行记忆的信息量，即不依赖用户记忆来使用系统，让选项和信息可见或者容易获取。

⑦ 使用灵活和高效：强调应该满足不同用户的不同需求和使用方式，可以提供快捷操作，允许用户自定义常用功能。

⑧ 美学和简约设计：强调设计美观而吸引人的界面，同时强调隐藏不常用信息，避免分散用户注意力。

⑨ 帮助用户识别、诊断和纠正错误：强调用户应该能够容易地识别发生的错误，理解错误的原因，并且能够采取纠正措施。用户出错时系统能准确表达错误信息，并提供从错误中恢复的解决方案。

⑩ 提供帮助和文档：强调系统在必要时能提供简短清晰的帮助或文档，并保证用户容易找到。

值得指出的是，尼尔森的十个启发式原则提供了一个有用的框架，在进行可用性评估时，每个元素都坚持十个启发式原则是困难的。启发式评估的具体实施可能因项目和用户群体而异，需要根据具体情况进行适当的调整，需要有所侧重。

启发式评估的优点是便宜又直观，也不需要提前计划。启发式评估也存在局限，例如评估者的主观性可能会影响问题的发现，以及某些问题可能因为不同的专家而得到不同的评价。

4.2.3 认知走查法

认知走查法是由 Clayton 等人（1992）提出来的，"它是指当设计者具备了原型或设计的详细说明后，邀请其他设计者和用户共同浏览并分析典型任务的完成步骤，从而发现可用性问题并提出改进意见的一种方法"[3]。

作为一种形成性检测方法，认知走查法的核心思想是模拟用户在界面上执行任务的思维过程，评估每一步是否会产生认知负荷或误导，从而帮助识别设计问题。"它是基于这样的信念，人们试图通过完成任务来了解系统，而不是先阅读操作说明。对产品来说这是理想的，意味着可以走查和使用它（即没有培训需要）。"[4] 为了提高认知走查法的有效性和可靠性，选择的参与者应该具有多元背景，要超出预期用户范围，以增加捕获问题的可能性。

在认知走查的准备阶段，设计者需要确定典型任务并详细列出完成每个任务的完整步骤，这些任务通常是用户在界面上的常见任务，而且能够涵盖界面中的不同功能和交互方式。走查的任务应该是具体的，例如在一个电子商务网站上查找并购买一本书，或查找并预订一张机票。

在认知走查的评估阶段，需要确定用户在执行任务时的目标，这有助于评估者了解用户的期望和意图。评估者会模拟用户执行任务的过程，一步一步地浏览产品界面并尝试完成任务。在执行任务的每个步骤，评估者会回答一系列问题，记录每个步骤中的观察结果和问题答案，以模拟用户的思考过程，并特别关注用户可能遇到的认知负荷、困难或误解。这些问题通常包括：

① 你是否期望看到这一步？

② 你是否能够识别下一步该做什么？

③ 你是否需要点击或输入什么来继续？

④ 你是否能够理解系统提供的反馈和信息？

⑤ 你预计下一步会看到什么？

在完成任务后，评估者会分析他们的观察结果，识别任何潜在的可用性问题。理想情况下，可以反复设计和进行新一轮的认知走查，以确保覆盖所有问题情景。

4.2.4　最佳样本量

可用性评估会涉及设计团队、用户、专家和其他利益相关者的合作，以确保多方面的意见被考虑。

关于可用性评估的最佳样本量，有过许多讨论。用户体验设计领域的引领性专家雅各布·尼尔森（Jakob Nielsen）曾提出，在心声法中使用 3~5 名评估者可发现大约 2/3 的可用性问题；弗莱森电讯公司的罗伯特·维兹（Robert A.Virzi）也通过实证研究得出结论，80% 的可用性问题是由 4~5 个受试者发现的。尽管有些实证结果不支持或部分支持这种结论，但考虑到可用性评估的成本时，"4±1" 或 "神奇数字 5"（magic number 5）的规则非常有吸引力，在可用性评估领域广为传播 [5]。

有学者从 1990~2004 年这 15 年间使用心声法、启发式评估或认知走查法进行实证可用性评估实验后发表的 102 份学术研究成果，按标准筛选出了 27 个实验，并基于 36 个数据点进行了线性回归分析，结论为：要达到 80% 的可用性问题的总体发现率，使用心声法时，需要 9 个用户；使用启发式评估时，需要 8 个评估者；使用认知走查法时，需要 11 个评估者。所以，最佳样本量的一般规划为 "10±2"，如果想用少量的测试用户或评估者，建议使用心声法或启发式评估，使用认知走查需要更多的评估者来检测更严重的问题（表4-2）[5]。

表4-2 可用性评估中测试用户的样本量

研究者	可用性评估方法	P[1]	达到80%的总体发现率所需的测试用户或评估者人数
尼尔森	TA	0.282	5
劳和万伯格	TA	0.140	11
尼尔森和莫利奇——曼特尔案例	HE	0.380	4[2]
赫祖姆和雅各布森	CW	0.121	13[2]
本研究中回归分析的预测结果	TA	—	9
	HE	—	8
	CW	—	11

[1] P是测试用户或评估者发现问题的平均概率。

[2] 原研究未报告评估者人数，本研究根据P估算评估者人数。

4.3 设计民族志调研方法

设计民族志（Design Ethnography）是指将人类学中的民族志方法应用于设计过程，将记录人的生活方式、洞察深层的文化肌理的研究与设计的创造性思维、解决问题的能力相结合，深入实地体验和了解各类社会群体的生活方式与他们的文化环境，从一个整体的观点和视角，对特定社会文化环境中产生的信念、态度、价值观、角色和规范进行理解和解释，以形成设计洞见。

设计民族志的一个基本假设是，任何情况下的用户都是社会性的存在，他们有欲望、有期待、有需求，会根据需要不断改变自己和环境，创造新的产品、体验与意义。显然，用户的社会性愿望与他们期待获得的新产品、新服务存在着相互作用。设计民族志是建立在理解社会文化情境中的人们做什么、说什么和想什么的基础上的，作为呈现日常生活视角的方法，对新产品和新服务的感知、设计和开发非常重要。

设计民族志多用于在设计过程初期设计问题还不明确，关键概念也不明晰的"探索"阶段。和其他用户调研方法的一个主要区别是，设计民族志要求必须以第一人称进行调查研究，也就是调查者同时也是参与者，能够直接了解用户的想法和感受。另一方面，它非常鼓励用户参与设计过程，提供反馈和见解。

与人类学研究强调在时间和经验方面要深入不同，设计民族志注重在相对较短的时间内从特定生活世界中收集详细数据。在商业环境中，设计民族志的调研可能只有一周、一天甚至半天，以"短时多次"来弥补传统人类学的时间要求。有限的调研时间促使设计民族志使用更广泛的人类学方法工具包，包括结构化和正式的访谈、参与式观察、网络平台的田野调查等方法，家谱、社会地图、人口统计学等背景资料，拍照、摄影、视频、纪录片制作等视觉媒介。

　　就像人类学家可以通过有形的器物来建立对文化的假设或结论，设计师也可以将地图、图表、照片和视频等资料作为真实生活的象征物，通过收集与用户行为相关的材料来洞察相关结论。这些象征物可以是设计师提供的问题卡片、情绪收集板、草图、原型、使用过程的地图或图表（包括其中的人与物件的流动过程）等，也可以是用户使用相关产品或服务时的照片和视频，包括目标产品或服务、竞品、用户自制的其他东西。视觉拓展是设计师在设计初期进行调研时可以用来与用户进行沟通、收集有效信息的可行手段。

4.3.1　视觉人类学

　　视觉人类学（Visual Anthropology）采用了以形象性为最基本元素的视角与方法，依据"参与观察法"与"个案分析法"的基本思路，运用摄影、电影、视频等视觉手段来对典型用户的行为方式与所反映的日常生活状态进行真实的形象搜集，并制作成客观、生动、可复制的视像资料，用以深入细致地描述、解释用户信息。

　　研究者通常从某一个客观的社会视角入手（如这个社会是如何看待老年人的），通过影像提供的一系列可辨别的视觉样本，来深入理解正在调研的某类用户人群的共同文化特性。研究者还会积极参与用户生活，以获得更独特的视角和更深入的理解，并与用户建立信任关系。因此，与传统的语言文字记录相比，视觉人类学可以通过视觉媒体提供更直观、更具感染力的工具，更好地捕捉人的行为和文化现象的复杂性和细节，是对了解产品或服务的目标人群的态度、行为和偏好的有力补充与强化，获得的信息可以帮助解决某些问题或确定一个假设。

　　视觉人类学需要训练有素的研究者来掌控影像工具。这些影像工具一般为高质量的便携式录音机、专业相机和摄像机等。随着移动设备和应用程序的不断发展，更小、更灵活的高质量手机也成为收集数据的常用技术设备。

　　视觉人类学不仅是一种研究方法，还是一种表达和交流的工具。通过视觉媒体，人们可以更直观地感受到不同文化和社会背景下的人类经验，从而促进跨文化理解和交流。这一领域的发展也受益于数字技术的进步，使视觉人类学在记录、传播和分享人类经验方面有了更广阔的可能性。

　　■ **案例：为基贝拉人民赋权的医疗沟通工具的视觉人类学研究**

　　位于肯尼亚的基贝拉（Kibera）是世界上第二大贫民窟，存在严重的卫生保健问题。美国肯特州立大学（Kent State University）与非营利组织 Life in Abundance 和 Rule29 Creative 合作完成了一个项目，旨在为基贝拉的民众设计视觉化沟通工具，以帮助教育民众，加强民众与疟疾有关的积极求医习惯。

　　项目必须从基贝拉的特定文化背景中获得信息，但设计团队无法亲自前往基贝拉进行调研，设计研究策略确定了主要采用视觉人类学研究为设计过程带来主体性的视角。在通过全面的文献综述了解当地信息的基础上，研究团队进行了摄影人类学研究，观看了大量有关基贝拉的照片、视频和纪录片，并用标签对观察结果进行分类，如视觉读写标志、特定卫生行为的证据和当地医疗机构的条件等，内容涵盖该地区的语言和宗教信仰、厕所的内部运作、对疟疾传播的看法等行为方式和文化影响。对基贝拉深入的视觉人类学的研究，不仅有助于设计团队更好地了解当地的生活方式和关注重点，而且让他们洞察到基贝拉超出预期的视觉驱动的社会景象。基于这些视觉人类学的分析信息，以及图标形式可以被快速学习的理论，设计团队最终采用了基本的图标系统来开发项目。比如，重新设计的传单为不同年龄的人群提供了彩色编码系统，症状卡成为医生与患者交流疟疾症状的工具，针对儿童教育的互动桌游和活动手册创造了难忘的学习经验（图4-4）。这些设计在2013年前后的用户测试中都获得了良好的使用反馈。

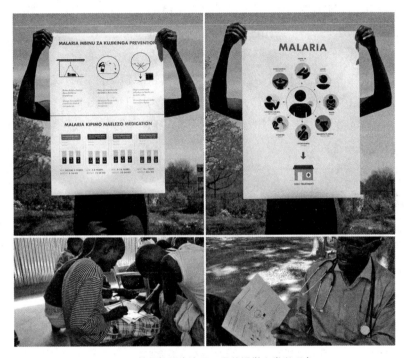

图4-4　基贝拉医疗沟通工具的视觉人类学研究

4.3.2　视觉日记

与视觉人类学需要由训练有素的研究者来制作视觉媒介不同，视觉日记（Visual Diary）是一种由用户自己通过绘画、插画、照片、图像和文字等多种视觉元素，来记录产品或服务的日常使用体验的调研方法。当由于一些现实原因，研究者难以进入用户的日常生活中去进行调研，或者有些调研时间跨度需要持续数天甚至数周，使研究者不便持续跟踪调研时，可以激发用户进行自我记录，使研究者身临其境地间接获取用户的日常生活情境及相关体验。

与传统的文字日记相比，视觉日记更加注重视觉表达，注重通过图像来传达情感、思想和观察。比如，照片日记就是一种了解个人生活状况的直接又直观的方式，也有助于个人讲述自己的故事。研究者根据研究需要，提出一些简单的提示或指示，就可以让用户以照片的方式提供日常生活细节和动态、交往的人、所在的社区情境、使用产品或服务的过程等内容，从而为更丰富的设计讨论奠定基础。

通常情况下，视觉日记是结构化的，研究者会预先给参与用户设置好一系列需要反馈的问题。有些情况下视觉日记也可以是非结构化的，允许参与者用他们自己认为合适的方式去描述体验。由于视觉日记中的参与者自我报告的过程不受他人监督，因此也存在无法保证数据的客观性和完整性的局限。

随着数字化技术的发展，视觉日记也提升到了一个数字化新水平。利用数字日记平台，参与者可以在适当的时间和地点轻松上传截图、照片、视频和位置信息（位置信息在有隐私法保护的国家和地区不能获取），研究者也可以利用日记工具中的消息传递功能，随时向参与者询问具体的条目，从而提高了易用性和双方的参与水平。

例如 dscout 就是一个可为研究提供实时分享资料的利益相关者合作平台，它的核心功能是帮助研究者为参与用户创建任务和活动，要求他们按照特定的指示或问题以照片、视频、文字或语音等方式记录他们的日常行为和体验，以便使用日记任务格式轻松收集和组织混合数据，让研究者通过数据分析工具和合作工具引发与用户的共鸣，最终以真用户、真洞察、真改变形成设计创新策略。

4.4 混合方法研究

定性研究和定量研究是两种主要的研究方法，它们在研究设计、数据收集和分析技术等方面有很大的区别，各有优点。混合方法研究（mixed methods research）融合了定性研究的解释性和定量研究的客观性。

4.4.1 定性研究与定量研究的优缺点

（1）定性研究方法

定性研究方法是一套解释性方法，以非标准化、个性化的数据收集方式，探究复杂的研究问题，输出形式一般为非结构化的研究结果、文档和发现。著名混合方法研究专家约翰·W. 克雷斯威尔（John W. Creswell）认为："定性研究是着眼于广阔的、全景性视野，而不是仅仅局限于微观的分析。叙事越复杂，越具交互性、包容性，定性研究就会越好。" [6] 定性研究的主要优势在于通过研究者和被研究者之间的互动关系来获取调查资料，注重全面而深刻的认识，分析结果关注意义（meaning）。

从设计研究的角度来看，定性研究的几个特征对形成同理心，理解和洞察用户需求具有积极意义。第一，定性研究一般在参与者的日常生活或工作场所等自然场所中进行，可以使研究者对参与者在生活情境中的微观层面进行细致、深入、动态的描述和分析，捕获参与者的生活细节和真实体验，容易形成情感共鸣；第二，定性研究是探寻式的，不是预测式的，许多问题只有在定性研究过程中才会自然浮现，可以使研究者获得许多新发现；第三，定性研究本质上是解释性的，研究者不可避免地会将个人见解带入定性研究的数据分析中，研究者基于设计思维和价值判断的洞察力和创造力可以在研究成果中有所体现。

从基于观察的技术到焦点小组，从对目标受众群体的深度访谈到更集中和详尽的民族志等手段，定性研究作为用户研究中的常见方法，侧重于探究研究者感兴趣的现象，旨在深入理解参与者的想法、行为与生活情境，能够帮助了解用户行为背后的动机、情感、场景等，有助于触及需求的本质，得到比较深刻的结论，并为设计师提供创新灵感。特别是当研究者想要了解哪些经历对用户产生影响时，定性研究的作用更为突出。

进行定性研究时，做好"归纳"非常重要。与此同时还需要尽可能忠实地传达参与者的意见，同理心始终需要被贯穿于定性研究之中。由于人类行为很难被量化，定性研究策略往往更适合于创造性的追求。定性研究的缺点是没有客观数据作为支持，往往无法进行科学验证。

（2）定量研究方法

定量研究主要为演绎方法，即一种基于测量和计算，用数字和量度正式地、客观地、系统地展示社会现象，以回答特定的研究问题，验证假设，或者揭示变量之间关系的研究方法。定量研究侧重于使用统计分析和数值化的方法来推断总体特征，它"更具客观性，其研究过程从明确因果关系开始，然后开发研究工具和识别数据样本，最后进行概括"。正是由于定量研究依靠对被研究对象可以量化的部分进行测量和计算，所以它重因果分析，分析结果更关注频率（frequency）。

定量研究方法可以用于收集大量数据，通过量化分析和统计处理而得出的结论比较客观且具有普遍适用性。但它也有一些局限，例如无法捕捉到复杂的社会现象或人的行为背后的深层原因，在现实中可能有一些现象难以通过客观数据来量化等。

4.4.2　混合方法研究的特性

"所谓混合方法研究，是指在突破社会科学领域原来的定量、定性研究两种研究范式的基础上，主张在研究过程中有机结合定量、定性研究两种研究方法而不是某种单一研究方法，以有效解决研究问题为主要目的的一种社会科学研究方法或范式。"[7] 混合方法研究结合了定性研究和定量研究的要素，比如研究视角、资料搜集和分析方法、推论技术等，从而加强了研究证据，推进了研究成果。

（1）混合方法的整合性

设计过程中的用户研究是为了规划未来新产品或新服务而展开的，它不是单一向度的，而是综合向度的，凡是有助于了解用户特点和需求的方法都可以被囊括进来。因此，在收集或分析特定社会情境中的用户需求时，与使用单一方法相比，使用混合方法会更加有效，可以互相取长补短，获得对研究问题更全面的理解，避免单一方法带来的局限。因为混合方法研究意味着能通过多个来源的证据交叉引用，帮助建立起更为可靠的研究实践，使研究人员更广泛深入地理解复杂模糊的问题，获得更有价值的用户洞察，更好地满足用户需求和提供优质的用户体验。

《给设计师的研究指南：方法与实践》一书中提到混合方法研究的运作方式是："使用定性信息来找到具体问题或现象，然后再使用定量研究，或者反过来执行。"[8] 用户研究中使用混合方法时，强调的重点应是如何选择研究方法，即如何依据定性与定量研究方法的不同功能指向，根据用户研究的不同调研目标和调研主题来合理配置与使用这些方法，通常需要思考收集定性和定量数据的顺序、不同研究阶段对定性和定量数据的整合方式等问题。

（2）"态度－行为" 维度的混合方法框架

用户体验策略咨询公司 XD Strategy 的创始人和负责人克里斯蒂安·罗勒（Christian Rohrer）根据定性研究与定量研究中一些具体方法适合的研究目的，以"态度"和"行为"（即人们"说什么"和"做什么"）两个维度对它们进行了排列（图 4-5）。放置在定量—定性轴中间的方法可用于收集定性和定量数据。

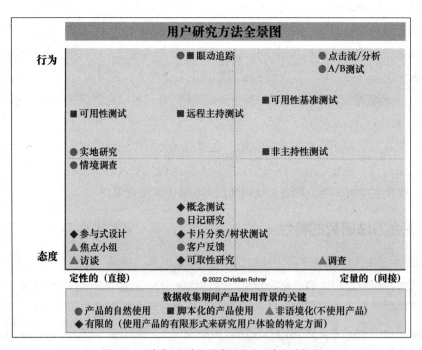

图4-5 "态度-行为"维度的用户研究方法概览

不同的调研方法适用于不同的调研目标，一个调研目标可以组合运用不同的调研方法。比如抽样调查是研究用户观点的最佳方法，如果要研究用户对某一产品或服务的态度问题，问卷法和访谈法就是比较合适的方法，可以帮助追踪或发现需要解决的重要问题。标准的结构性问卷能保证从所有被调查者那里获取相同形式的数据，访谈法则在调查较复杂的问题时更有效。特别是焦点小组访谈法，通过一种无结构的自然的形式与一个小组的被调查者交谈，进而获取对一些问题的深入了解，常常可以从中得到意想不到的发现。但由于访谈法和问卷法很少能处理社会生活的情境，即运用这些方法时，"研究者很少能把握受访者在整个生活状况中的所想、所为……无法察觉新的变量"[9]，所以当需要了解用户在自然情境下使用产品或服务的反应、行为以及过程中的细节时，实地观察法则体现出了优势。实验法特别适用于假设检验，所以那些希望检验有关用户使用产品或服务的假设性命题的研究，可采用实验法来予以验证。

定性方法更适合回答关于为什么或如何解决问题的问题，而定量方法更适合回答问题的数量和类型。面向复杂性问题时，用户研究需要定性研究方法和定量研究方法的混合使用，互补两者不足，以更全面深入地获取有效信息。

4.4.3　应用案例：新能源汽车智能座舱人机界面（HMI）用户研究

该研究依据可用性评估方法，对新能源汽车智能座舱车机系统人机界面的用户体验进行资料采集与分析，将定性研究与定量研究进行混合使用。具体实施步骤包括设计团队内认知走查、专家无任务访谈、普通用户静态验证、专家任务型动态测试四个阶段（表4-3）。

表4-3　新能源汽车智能座舱人机界面（HMI）用户研究的四个阶段

阶段	阶段一 团队内认知走查	阶段二 专家无任务访谈	阶段三 普通用户静态验证	阶段四 专家任务型动态测试
目的	梳理车机系统功能与操作流程，对所有功能可能存在的设计问题进行预设，并完成团队内评级	明确设计问题定义，筛除不准确的问题描述，扩充新发现的问题	对所有问题进行验证与评价，获取用户声音，明确问题修改优先级	明确与驾驶安全有关的设计问题对应功能的可用性、任务负荷与用户体验评价，并依据驾驶绩效、眼动追踪数据挖掘设计问题背后的认知机制
定性研究	认知走查	无任务访谈	任务型访谈	任务型事后访谈
定量研究	优先度计分评价	/	功能使用频率计分评价；功能满意度李克特评价；修改急迫度李克特评价	驾驶绩效测试；眼动追踪测试

定性研究主要集中在对车机系统功能模块的认知走查、用户访谈、专家验证等阶段，其目的是明确研究设计内容与对应的用户态度，结合专家分析形成界面设计问题和改进建议。定量研究主要集中在用户量表打分、可用性测试、眼动分析等阶段，其目的是根据标准化量表的主观评价和可用性测试的客观评价，量化设计问题的严重程度，结合眼动数据分析问题的成因，为设计的改进提供依据。

（1）团队内认知走查

设计团队在完成桌面信息调研、对研究对象有一定了解的基础上，开展实车的认知走查，发掘可能对用户体验产生影响的潜在设计问题，如表4-4所示（研究中的设计问题数量巨大，

表4-4~表4-6仅展示部分任务及其对应的问题描述），并依据团队内评分对设计问题进行排序，有针对性地开展下一步研究。

具体步骤：认知走查的过程是评估者模仿用户解决问题的过程，由设计团队成员执行。

① 结合桌面调研信息对车机模块进行划分，梳理主要的界面功能与操作内容；

② 站在用户的角度，模仿用户完成任务所需的一系列动作，形成任务动作序列；

③ 针对上述动作序列中的每一个步骤，逐一核查用户界面对这些步骤的支持效果；

④ 对于存在界面设计问题的任务加以记录总结，从功能需求、信息架构、页面布局、视觉表现、交互方式五个维度对该任务做出可用性问题预设；

⑤ 依据项目目标，通过组内打分的形式对全部交互任务进行研究优先级的评级输出，形成包含"必测""一般""不必测"三种类型的潜在可用性问题列表。

表4-4　智能座舱认知走查问题表

功能模块	界面板块	任务	评级	问题
首页	DOCK栏	一键返回首页	一般	页面布局：视线被方向盘遮挡看不到图标
	状态栏	查看剩余电量	必测	视觉效果：图标显示过小，容易忽视
	首页卡片组	查看当前天气温度	一般	功能需求：增加显示其他信息 页面布局：面积过大
	……	……	……	……
导航	导航页面	导航到回家/公司地址	必测	页面布局：按钮位置离主驾较远
	……	……	……	……
……				

（2）专家无任务访谈

本阶段的访谈有无结构访谈的特点，弹性大，有利于适应多变的客观情况，有利于发挥访谈者和受访者双方的主动性和创造性。其目的是验证认知走查阶段预设的可用性问题并拓展，尽可能覆盖所有问题（表4-5）。根据尼尔森定律，5名专家用户可发现90%的问题，6名即可发现95%的问题，故建议至少有5名专家进行走查。本研究选取对车机系统了解程度较高的专家用户和设计师共6位。

具体步骤：

① 开展引导性操作体验，由专家对内部走查中梳理的主要功能进行尝试操作和评价；

② 补充在访谈过程中观察到的其他可用性问题；

③ 专家对内部走查中预设的潜在可用性问题进行反馈与修正；

④ 增加对应的界面展示，明确问题。

表4-5　可用性问题的修正清单

功能模块	界面板块	任务	问题	专家评价	界面
首页	DOCK栏	一键返回首页	页面布局：视线被方向盘遮挡看不到图标	方向盘有遮挡影响驾驶；不是实体键影响操作	
	状态栏	查看剩余电量	视觉效果：图标显示过小，容易忽视	充电页面找不到，没有充电量的提示	
	首页卡片组	查看当前天气温度	功能需求：增加显示其他信息 页面布局：面积过大	未关注天气，认错行车记录仪的拍摄图标	
	……				
导航	导航页面	导航到回家/公司地址	页面布局：按钮位置离主驾较远	层级太深了，找不到入口	
	……	……	……	……	……
……					

（3）普通用户静态验证

为确定在前两个阶段中发现的设计问题是否真正影响普通用户体验，开展普通用户的静态体验测试，让用户对前期研究中存在问题的功能进行使用频率、满意度、修改急迫度三方面的打分评价。定量研究推荐样本量在30人及以上，具有统计学的意义。为保证评价信息来自目标用户，受访者均为已购买过新能源汽车的车主。

频率评价：低频、中频、高频。

满意度评价使用五点李克特量表：非常不满意、不满意、中立、满意、非常满意。

修改急迫度评价同样使用五点李克特量表：无需修改、较低迫切、一般迫切、较高迫切、非常迫切。

问题总体评价为三类评价总分（分值为3～13）。其中，7分以下定义为不属于问题，7～8分定义为轻度问题，8～9分定义为中度问题，9～13分定义为严重问题。此外，与驾驶高度相关的问题需额外通过驾驶任务测试，明确其设计问题对驾驶安全的影响，与驾驶关联度较低的问题仅需通过静态访谈明确用户态度与设计改进方向（表4-6）。

具体步骤：普通用户静态验证由设计团队进行。每组访谈由一位主访、一位副访以及一位记录人员组成。

① 主访人员进行静态操作访谈，要求普通用户依照问题列表逐一操作体验，并及时沟通；

② 由记录人员记录三个维度的用户评价打分，副访人员记录下评价较低或较高的问题，

提醒主访人员进一步沟通；

③ 主访人员进一步了解评价背后的原因，并询问改进建议与期望。

表4-6　静态验证后设计问题与改进期望梳理表

功能模块	界面板块	问题	用户原语	痛点	改进建议	新期望
首页	DOCK栏	页面布局：视线被方向盘遮挡	不是问题，正常车开习惯了都知道那个地方有个图标	功能键被遮挡看不见	操作后重新返回这个位置	按钮操作完之后过一段时间又能返回这个位置
	状态栏	视觉效果：图标显示过小，容易忽视	充电页面找不到，没有充电充了多少的提示	找不到充电进度提示	目前有点难找，可以把它放在明显的地方	希望能从那个记忆点跳转过去
	首页卡片组	功能需求：增加显示其他信息 页面布局：面积过大	直接挂挡打开就可以，一般不会点击；信息传达不太明确，只能大概知道什么意思	图标语义不清晰	对于女性用户来说，经常需要看到360°（环视影像），往上放会更好	/
	……	……	……	……	……	……
导航	导航页面	页面布局：按钮位置离主驾较远	层级太深了，找不到入口	层级过深	之前直接放左边一小块快捷键的比较好，希望现在这个能改回去	直接在导航首页左上角显示会更加明确
	……	……	……	……	……	……
……						

（4）专家任务型动态测试

这一阶段旨在对前期选定的，与驾驶高度相关的较严重设计问题进行生理反应实验，研究设计问题背后的视觉认知机制，明确问题对应的界面设计表征，从而为设计创新方案提供参考。实验包括"一键导航到家""切换下一首歌曲并打开歌词卡片"等，总计12个任务，覆盖导航、车辆控制、空调与音乐四个模块。被试样本数为30人，其中需保证至少5位设计专家，其余被试由招募结果确定。实验采用实车驾驶测试，通过视频记录、眼动追踪与事后访谈的方式，综合对实验结果进行分析与评价（图4-6）。

任务型动态测试要求被试为专家用户，每组实验包括一位主访、一位副访以及一位记录人员。

具体步骤：

① 依据项目目标由设计团队与企业方商议确定测试任务，以驾驶高度相关的任务为主；

② 正式实验开始前，将相关车辆设置调整为统一的初始状态；

③ 被试者在驾驶过程中完成前期定义的智能座舱驾驶任务，测试任务由主访人员进行朗读，副访人员负责监控任务过程，通过GPS设备监控车速，确认被试听清任务内容后，开始计时；

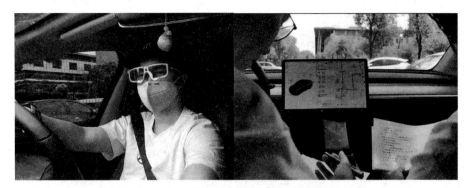

图4-6　眼动实验与实验后访谈

④ 驾驶室内采用前后双摄像的形式，对用户操作行为进行记录，由记录人员在实验后对驾驶员偏离设计预期的操控行为进行记录，明确任务完成率、完成时间、错误次数、迷失度等驾驶绩效指标的度量；

⑤ 使用眼动仪对用户操作过程中的视觉认知进行追踪，明确注视点分配、跳转、时长等眼动指标；

⑥ 试验完成后，被试者被要求将车停靠路边，由主访人员组织访谈并填写可用性、用户体验与任务负荷三个标准化量表，给出主观评价度量数据。

输出结果：

① 标准化量表数据（图 4-7）

SUS量表

	sus score	usability	learnability
MEAN	64.4	64.8	62.9
SD	15.766	16.432	18.419
MAX	87.5	93.8	100
MIN	37.5	37.5	25

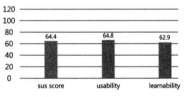

UEQ量表

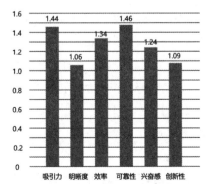

NASA量表

任务负荷	
脑力需求	48.3
身体负担	30.7
时间需求	44.3
任务绩效	74.3
努力程度	59
挫败感	30.3

图4-7　SUS/NASA-TLX/UEQ量表数据

② 眼动数据（图4-8）

图4-8　眼动热力图

③ 驾驶绩效数据

任务成功率：数值1~3中1为完成任务，2为部分完成任务，3为失败/放弃。完成任务——没有任何困难或者不顺利完成任务；部分完成任务——用户完成了任务，但出现了一两个错误或者摸索了一段时间，或者用户进行到一半卡住，主访进行小提示后顺利完成了任务；失败/放弃——用户认为完成了，但实际上没有/在完成之前主访已经开始引导下一个测试任务。

任务完成时间：数值0~x。记录从任务开始执行到完成的时间。删除拐弯空白时间、避让停车空白时间；接听电话任务删除念指令时间。

迷失度：数值0~1。

计算公式为$L=\text{sqrt}\left[(N/S-1)^2+(R/N-1)^2\right]$（$L$：迷失度；$N$：操作任务时所访问的不同页面数；$S$：操作任务时访问的总的页面数；$R$：完成任务必需的最小页面数）。

该指标用于量化完成任务的过程中，由于视觉吸引、概念模型错误等问题导致的操作迷失程度。依据Smith的迷失度评定标准：最佳迷失度为0；迷失度小于0.4时，用户不会显示任何可观察到的迷失特征；迷失度大于0.5时，用户显现迷失特征。

由于标准迷失度量化方法的计量值需通过页面数进行计算，而在车机系统的实际交互过程中，用户的迷失性操作常常来自同一页面的不同部分，仅关注页面数很难体现交互细节。因此，本研究将页面数优化为交互步骤数并予以计算，L：迷失度；N：执行的不同步骤数；S：执行的总步骤数；R：完成任务必需的最小步骤数。

④ 访谈结果

访谈按照车机系统的不同功能模块展开，从使用频率、满意度、重要度三个维度对用户进行追问，挖掘用户反馈。结果如表4-7所示。

表4-7　实验后访谈信息梳理表

类别	模块	维度	可用性问题	用户访谈反馈
问卷调研	首页	使用频率	快捷面板信息选项丰富，使用频率高	座椅加热：根据气候不同，冬天会使用
		满意度	车辆温度图标无法点击进入，无法查看详细信息；小组件中氛围灯布局不必要；地图卡片的布局和呈现视觉较低端；横屏菜单设置文字信息过多，易读性低；不理解切换场景模式	DOCK栏按键自定义，且有必要；首页左侧和右侧卡片逻辑不一致，左侧不能长按调节卡片；360°环影应将四个方位的摄像全部展示，前后左右展示在一个界面中，现有需要点击的形式来不及切换，3D做得不够精准；屏幕亮度调节一般自动，不会愿意手动控制
		重要度	桌面小组件编辑更改学习成本高，初次认为点按；实际点按后，拖动无法一次性实现理想位置；图标可替换成文字	智能场景不重要也不满意，可以放在娱乐模块中
	车辆设置	使用频率	/	/
		满意度	相关文案信息生硬，字体不精致	快捷中心满意度较低：不是真正的快捷；辅助驾驶、安全保障满意度较低：不明确
		重要度	开启选择座椅按摩模式，误点图标上的"Z"；选项过多，实际驾驶中需求低	/
	……	使用频率	……	……
		满意度	……	……
		重要度	……	……

本章参考文献

[1] Charters E.The use of think-aloud methods in qualitative research an introduction to think-aloud methods [J].Brock Education Journal, 2003, 12（2）：68-82.

[2] 凯茜·巴克斯特，凯瑟琳·卡里奇，凯莉·凯恩.用户至上：用户研究方法与实践 [M].王兰，等译.2版.北京：机械工业出版社，2020：347-348.

[3] 刘颖.人机交互界面的可用性评估及方法 [J].人类工效学，2002（2）：35-38.

[4] 凯茜·巴克斯特，凯瑟琳·卡里奇，凯莉·凯恩.用户至上：用户研究方法与实践 [M].王兰，等译.2版.北京：机械工业出版社，2020：348.

[5] Hwang W, Salvendy G.Number of people required for usability evaluation：the 10±2 rule [J].Communications of the ACM, 2010, 53（5）：130-133.

[6] 克雷斯尔.研究设计与写作指导：定性、定量与混合研究的路径 [M].崔延强，译.重庆：重庆大学出版社，2007：145.

[7] 徐治立，徐舸.社会科学"混合方法研究"范式争论与方法论探讨 [J].中国人民大学学报，2021，35（5）：159-170.

[8] 乔柯·穆拉托夫斯基.给设计师的研究指南：方法与实践 [M].谢怡华，译.上海：同济大学出版社，2020：46.

[9] 艾尔·巴比.社会研究方法 [M].邱泽奇，译.10版.北京：华夏出版社，2005：276.

用户研究的
可视化策略
工具

在用户研究中，深刻理解用户特性及其需求，并将其转化为直观的表达方式是非常必要的工作。可视化可以将用户研究中的抽象数据进行图形化或图表化表达，使研究团队更容易理解相关信息，并有助于分享研究成果；可视化也可以表达数据中的模式、趋势和关联性，促使研究团队深入理解用户的行为模式、偏好和需求；可视化还可以直观地展示用户特性、使用过程和使用场景，有助于为设计出符合用户期望的产品或服务提供支持。

多种可视化策略工具在用户研究中扮演着关键的角色，它们包括小册子、亲和图、剪贴画、用户画像、故事板、用户旅程图以及情绪板等多个类别。每种工具都有其独特的功能和用途，为设计团队提供了多种方式来理解和呈现用户研究的数据和洞察。深入分析每个可视化策略工具的特点、使用方式、如何有机地组合运用，以及说明它们如何在用户研究和产品定义的过程中发挥最大的效益，可以帮助设计团队更全面地理解用户，更准确地把握产品方向，从而实现真正符合用户期望的产品创新。

通过小册子，我们能够将复杂的研究结果和用户洞察以直观的形式呈现，促使团队更深入地了解用户的需求。亲和图则帮助我们在大量信息中建立关联，形成清晰的认知图谱，进而指导产品定义的方向。剪贴画作为一种富有创意的表达方式，能够激发设计团队的想象力，将抽象的概念具象化。用户画像和故事板通过将用户信息和场景整合，使设计团队更好地理解用户的生活背景和真实需求。用户旅程图则提供了对用户整体体验的全景视图，帮助团队识别关键触点和改进点。情绪板作为一种情感表达工具，有助于深入挖掘用户情感需求，使设计更具情感共鸣。

5.1 小册子

5.1.1 小册子工具概述

小册子（Booklet）作为一种传统而实用的可视化工具，采用了小型书本或手册的形式，经过设计师的巧妙设计，通过图文并茂的方式展示内容。其独特之处在于篇幅较短，但能够以视觉吸引人的方式，有效地传达特定主题或内容，展示数据，表达创意，或向用户展示产品或服务。这一工具在数字化时代也得到了发展，可以以电子书或 PDF 等数字形式存在，但仍然保持着传统书本的风格和排版。

小册子的设计理念源于对用户研究和产品定义的深刻理解，旨在为设计师和研究者提供一种直观而灵活的工具。通过对小册子的综合运用，可以更全面地了解用户需求，挖掘潜在的用户体验，为产品设计提供实质性的支持。

5.1.2 借助小册子洞察用户需求

小册子的广泛应用范围使其成为一个多功能的工具，其在产品设计的用户研究阶段具有重要的战略意义，为设计师和研究者提供了丰富的选择。这种工具直观而灵活，有助于更深入地了解目标用户的需求和体验。

小册子在用户研究中的具体应用和优势包括：

① 在用户研究中，小册子作为用户访谈的辅助工具发挥了关键作用。通过将问题和相关信息整理成小册子的形式，设计师能够有针对性地引导用户访谈，确保关注到关键问题。用户可以在小册子上进行手写和涂鸦，这种自由表达的方式帮助挖掘用户更深层次的需求、喜好和使用场景。设计师可以从这些非结构化的表达中获得灵感，更好地满足用户期望。

② 小册子是一个理想的平台，用于传达产品设计的创意理念。设计师可以通过小册子以图文并茂的方式展示他们的设计灵感、初步构思和设计过程。这不仅有助于团队内部的沟通，还能将设计理念生动地传递给其他团队成员，包括开发人员和市场营销团队。

③ 小册子为产品设计团队提供了一种生动而紧凑的方式来展示产品的特性和优势。通过巧妙设计的小册子，设计团队可以形象地呈现产品的功能、使用方法和用户体验。小册子的小巧形态，方便携带，非常适合在用户研究中分发，帮助用户更好地理解产品的价值。

④ 在用户研究中，小册子是一个有效的数据可视化工具。通过图表、图形和文字的组合，小册子可以呈现用户反馈和研究数据，使得复杂的信息更易于理解。这为设计团队提供了有力的工具，帮助他们根据用户反馈进行有针对性的调整和改进。

⑤ 在用户研究中小册子还可用于用户教育和培训。它可以作为产品使用手册或培训资料，通过图文结合的方式生动地传递产品信息和操作方法。这对于用户理解如何与产品互动以及产品在用户生活中的角色至关重要。

综上所述，在用户研究的实践中，小册子的设计需要注重用户体验，以简练而生动的方式呈现信息，从而更好地促进设计师与用户之间的交流和理解。通过结合小册子的可视化策略工具，设计团队能够更精准地把握用户需求，为产品设计提供有力支持。

5.1.3　小册子使用流程及设计路径

（1）小册子使用流程

设计师在进行用户访谈时，可以使用小册子作为一种信息呈现的方式，以帮助用户更好地理解和回答问题。以下是一些小册子的使用步骤建议：

步骤1策划内容：确定访谈所需的信息和主题，将其结构化和分类，然后将其分配到各个页面或部分中。

步骤2设计排版：使用吸引人的视觉设计来创建小册子，包括选择合适的字体、颜色、图像等元素，以确保内容清晰易读、视觉吸引。

步骤3呈现信息：将访谈问题和相关内容以问题和回答的形式呈现在小册子中。可以在页面上添加插图、照片、图表等来支持文字信息。

步骤4打印或发布：如果是传统纸质的小册子，设计师可以将其打印出来，准备好进行用户访谈。如果是电子版，可以以PDF等格式发布，方便用户在线或下载查看。

步骤5收集反馈：在用户访谈过程中，设计师可以邀请用户在小册子上填写信息或涂鸦，也可以根据用户的反馈和回答来自行记录相关信息或添加备注。

通过以上步骤，使用小册子可以在用户访谈中有效地呈现信息，提高交流效果，并为用户研究提供有益的辅助工具。

（2）小册子设计示例

设计小册子是一项需要精心策划的任务，我们需要引导用户参与用户调研，从而深入了解他们与特定主题的关系。以下是一份小册子的设计路径参考：

① 封面是小册子的门面，需要明确调研课题和创新设计方向，例如"我和我的 ×× 体验"。可以邀请用户在小册子封面的空白处画出三样对他们而言重要的元素，可以是人、事、物、感受、行为、白日梦等。这为整个小册子设定了调研的基调，使用户投入调研主题中，如图5-1所示。

图5-1　小册子"我和我的××体验"封面

② 首页旨在了解用户的基本信息和对调研主题的心理感受。在"关于我"部分中，用户被引导介绍自己的个人基本信息，包括年龄、性别、职业、居住地等与课题相关的人口统计特征问题。此外，"×× 对我来说是"部分则为用户提供表达对主题物看法的机会，属于心理统计特征的问题（图 5-2）。

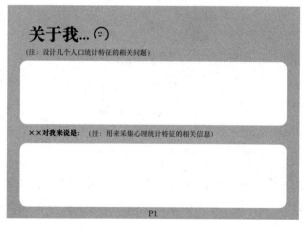

图5-2　小册子P1"关于我……"

③ "我与××的一段时间……"一页主要通过设计时间轴，用户被鼓励介绍自己与主题物的互动关系。用户可以在时间轴上标记事或活动，并以图形或文字的方式表达与主题物互动的心情和感受。这为调研结果增添了时间维度，提供了更深层次的信息，如图5-3所示。

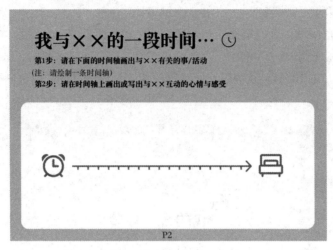

图5-3　小册子P2"我与××的一段时间……"

④ "我对××的关注……"一页通过提问，引导用户列出对主题物的关注方面，并按重要性排序。用户被要求绘制树状图，表达对主题物关注的层次和关键因素。这有助于挖掘用户关注的重点，并为后续设计提供方向（图5-4）。

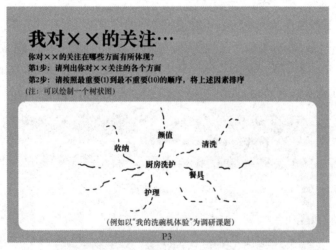

图5-4　小册子P3"我对××的关注……"

⑤ "我和××这件事……"一页用户被引导回忆最近一次与主题物有关的体验，将整个过程以图形或文字形式呈现。用户还可以画出或描述当时的场景和氛围，这有助于深入了解用户的情感体验（图5-5）。

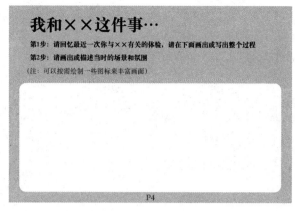

图5-5　小册子P4"我和××这件事……"

⑥ "我人生中的重要时刻与 ××……"：图 5-6、图 5-7 通过简单的时间轴，用户被鼓励回顾过去、现在和未来，标记人生中的重要时刻，并写下对主题物态度和观念的变化。这为了解用户的长期感知提供了机会。

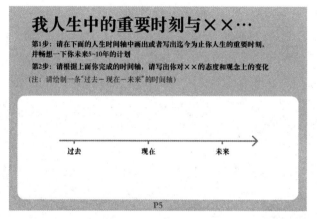

图5-6　小册子P5"我人生中的重要时刻与××……"

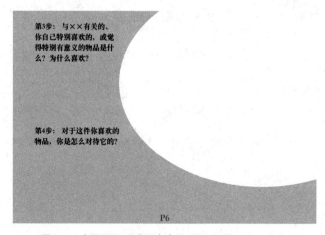

图5-7　小册子P6"我人生中的重要时刻与××……"

⑦ 脑洞大开：最后一页（图 5-8）鼓励用户发挥想象力，思考未来理想的主题物是什么样的，包括功能、材料、外形和带来的体验等。用户可以通过图标丰富思维发散的表达，为产品设计提供更多可能性。

P7

图5-8　小册子P7"脑洞大开……"

通过这八张图，小册子的设计路径贴近用户的生活经验，深入挖掘他们与主题物的关系，为产品设计提供了有力的用户调研数据。遵循以上设计路径，设计主题为"我的剧本杀道具体验"的小册子，如图 5-9 所示。

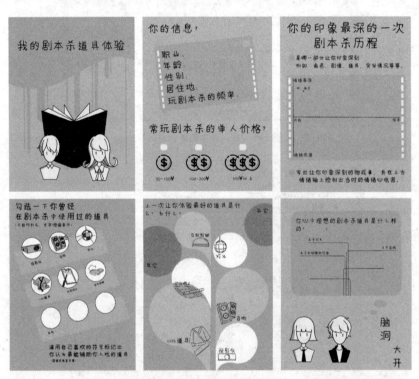

图5-9　小册子"我的剧本杀道具体验"（彭艺林、王紫雯、杨袭音、费煜涵制作）

5.2 亲和图

5.2.1 亲和图工具概述

亲和图（Affinity Diagram）法，又称KJ法，是一种源自日本人类学家川喜田二郎（Jiro Kawakita）的数据分析方法，旨在将大量产生的数据合成为可管理的模块，系统化地归纳和整理语言资料，如事实、意见、构思等。KJ法已经成为日本使用最广泛的管理和规划工具之一。

在西方，KJ法演化为"亲和图"，这是一种基于KJ法的相似方法。亲和关系图在用户研究中被广泛应用，是一种相对快速和有用的工具，适用于分析定性数据，包括焦点小组、日记研究、访谈调研和实地调研。

在用户研究中使用亲和图时，研究人员首先需要汇总每个参与者的数据，这可能包括他们的意见、观察言论、问题和设计想法。这些数据以单独的卡片或便条形式记录，并放置在墙壁或白板上，避免预先设定的顺序。卡片之间相似的结果或概念被组织在一起，为研究人员提供了视觉线索，帮助确定主题或数据的趋势（图5-10）。

在分析数据时，研究人员被鼓励以开放的心态进行，不预先设定好类别。数据的结构和关系会从数据中自然产生，然后每个组都会被贴上标签，揭示它们之间的共同之处和为什么被分在一起[1]。

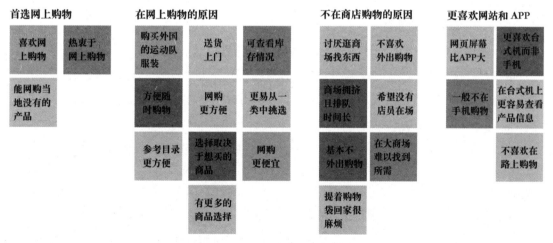

图5-10　网络购物主题亲和图示意

亲和图的构建过程是一种纯粹的归纳推理过程。信息被记录在便笺纸上，然后相似的记录被寻找并贴在一起形成组。在这个过程中，并不需要解释为什么某些记录被聚集在一起，但通过推动"亲和关系"的形成，可以发现与团队设计重点相关的信息。

亲和图主要面对的数据是文字和语言，整理这些数据是一项具有挑战性的任务。为了解决这个问题，亲和图通过将相似的文字和语言资料进行分类归纳，形成合并图，帮助从杂乱的文字中找到思路，并解决问题。亲和图的显著特征是其能够处理大量数据，从而能揭示出不同的叙述维度和信息。

在用户研究中，亲和图法采用 A 型图解作为主要工具，即将某一特定主题的大量语言资料，如事实、意见或构思，根据它们的相互关系进行分类综合。通过无选择性地收集、整理和归类人们的不同意见、想法和经验，亲和图法有助于打破现有状况，促进创造性思维，并鼓励采取协同行动，以寻求问题的解决方案。

5.2.2　利用亲和图整合用户数据

（1）使用亲和图的情景

① 作为调研的一部分，与相关方分享调研结果。

② 亲和图可以为大的或复杂的问题添加结构，将问题分解为更广泛或更具体、集中的类别。

③ 亲和图可以帮助确定跨多个分区的问题，揭示信息缺失和需要解决问题的分区。

④ 为产品开发提供数据支持，亲和图能指出设计或产品的想法是直接从用户数据中产生的。

⑤ 亲和图可以促使创新，因为不是预先设定好类别，而是从用户研究数据中产生新的想法。

⑥ 帮助设计团队一致地解决争议、要求或问题。由于个别争议、要求或问题可以归类到更广的主题下，故团队可以在更广的主题下归类，而不是试图解决每一个。要整体解决问题，而非零散地解决问题。

（2）使用亲和图的优势

亲和图在用户研究中被广泛应用，其主要优势体现在以下几个方面：

① 数据整合与可视化。亲和图方法允许研究人员整合大量的用户研究数据，并通过在墙壁或白板上组织成可管理的模块的方式进行直观的可视化展示。这有助于研究人员更清晰地理解和呈现用户反馈、观点和数据。

② 发现趋势和关系。通过亲和图法，研究人员能够快速分析定性数据，包括参与者对开放性问题的回答。这使得研究人员能够迅速洞察数据中的发展趋势、个别数据之间的关系，并发现潜在的模式。

③ 产品设计与优化。亲和图在产品设计中发挥重要作用，特别是在改良设计阶段。通过整理和分析用户反馈信息，研究人员能够利用亲和图找到最优的设计解决方案，以更好地满足用户需求。

④ 支持团队共识。亲和图的可视化呈现方式有助于团队成员共同理解用户研究的结果。在墙壁或白板上展示的模块化数据可以促使团队形成共识，推动对原始数据更深层次的讨论和理解。

亲和图在用户研究中的应用通过其数据整合、可视化和模式发现的特点，为研究人员提供了强大的工具，帮助他们更有效地理解用户需求，改进产品设计，并促进团队合作和决策。

5.2.3 亲和图使用流程及技巧

（1）亲和图使用流程（图5-11）

步骤1准备亲和图空间：在办公室、实验室或会议室的墙壁或白板上创建亲和图空间，确保有足够的空间来展示整理后的数据。

步骤2召集团队成员：在每次用户调研活动结束后，召集团队成员进行数据分析，包括主持人、记录员、摄像师等。建议尽早完成亲和图，以确保数据仍然清晰。

步骤3创建卡片：团队成员将信息关键点写在卡片或便笺纸上，并根据参与者或数据类型使用不同颜色的卡片进行分类，有助于清晰地区分和组织数据。

步骤4卡片分类：将所有卡片混合后，团队成员大声念出卡片上的内容，并将相似的卡片放在一组，不需事先标记类别。

步骤5标记卡片组：经过多次调研活动后，类别会自然浮现，给每个卡片组贴上描述性的标题。

步骤6重组：遇到重复的卡片组时，进行合并或拆分，确保每个小组的描述一致。

步骤7走查亲和图：在所有调研活动结束后，团队成员一起讨论并走查亲和图，确定高级别卡片组，并将大卡片组分解成更有意义的子组[1]。

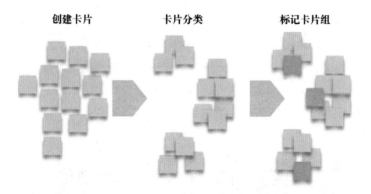

图5-11 亲和图制作过程

（2）创建亲和图的基本原则

① 人人平等，没有领导者。

② 没有批判，一切想法皆有价值。

③ 没有预设的类别，类别从数据中产生。

④ 小的卡片组可以合并，大的卡片组可以适当划分。

⑤ 卡片内容可以重复在多个组中。

⑥ 可以移动卡片或卡片组，没有固定位置。

提示：可以把创建亲和图的基本原则写在展板上。确保每个人都了解并同意这些原则。如果有人破坏了原则，可以简单地指出，并让触犯人遵守这些规则。这可以避免大量的争论。

（3）使用亲和图的注意事项

① 保持开放思维，鼓励创新。

② 确保团队了解亲和图的目的和好处。

③ 设定时间限制，避免过度分析。

④ 拍照记录亲和图，以备后续分享和报告。

通过创建亲和图的过程，设计团队能够高效地分析用户调研数据，发现数据之间的关系和趋势，为产品设计提供有力的支持。

5.3　剪贴画

5.3.1　剪贴画工具概述

剪贴画（Clip Art）是一种视觉表现方法，通过手工或数字工具将剪下的图像、图形或文字拼贴在纸张或其他支持材料上，形成独特的组合。它在设计中发挥着重要作用，用于展示产品的使用情境、目标用户群和产品品类，为设计师提供视觉化的设计标准，促进与其他利益相关者的交流与沟通。

在设计流程的初始阶段，剪贴画用于分析目标用户的使用情境，为设计师提供针对性的参考资料。通过寻找适当的图像素材，设计师逐渐形成视觉情感，确定设计过程中所需的感觉。制作和讨论剪贴画的过程中，设计师获得设计灵感，完善设计标准，关注目标用户群的生活方式、产品的视觉形象，以及产品的使用和交互方式[2]。

剪贴画通过拼贴方式展示目标用户形象，确定设计创新的使用场景，关注用户使用产品的方式和未来设计的理想产品类型。这种视觉化过程使设计团队在确定最终设计方案之前形成统一认知，激发灵感，有助于设计标准的完善。因此，剪贴画在设计构思阶段的应用对设计项目的成功具有重要影响（图5-12、图5-13）。

图5-12　剪贴画示意1

图5-13　剪贴画示意2

　　同时，剪贴画也具有一定的局限性：是一种较为个人化的表达方式，因此有时难以与他人交流和分享其含义；寻找合适的视觉素材需要花费大量时间；使用电脑绘制可能会限制创作的自由度。

　　为了克服这些局限性，设计师需要仔细思考剪贴画所要表达的重要元素，如意向、素材数量、背景定位、图片关系、构图结构、前景与背景的关系、材料的使用、颜色和形状的种类等。此外，根据需要灵活调整图片中的细节，并注意剪贴画与整体设计标准的一致性[2]。

5.3.2　通过剪贴画揭示用户特征

　　剪贴画的制作过程涉及拼贴和分析，通过形成文字性结论总结从用户数据中获取的洞见。这一过程类似于拼贴游戏，最终将素材整合为所需内容。剪贴画能帮助设计师有效确定具体设计方向，清晰展现产品使用情境。相对于文字描述，视觉呈现更清晰地传达目标用户群的外貌特征、性格特质和行为特征。剪贴画能有效展示产品的视觉风格，如颜色、材质、形状和审美意象，有助于明确设计标准。在确定最终或具体设计方案之前，相关内容要素需让设计团队每位成员都有清晰认识。剪贴画不仅有助于形成统一认知，还能激发灵感，多方面促进设计标准的完善。

　　剪贴画作为一种视觉表现工具，广泛应用于设计领域及其他相关领域，为多个设计和创意任务提供了灵活而个性化的解决方案。在用户研究中，剪贴画展现了其独特的应用优势，通过整合数据并视觉化信息，揭示了用户群体的特征、喜好和行为等关键信息，为研究人员深入了解目标用户提供了有力工具。剪贴画在用户研究中扮演着多重角色，可以用于表现用户的外貌特征、生活方式、使用场景、行为习惯、产品偏好等方面的信息。设计师通过剪贴画，能够更直观地把握用户的情感需求、审美取向，进而引导产品设计朝着更贴近用户期望的方向发展。

5.3.3　剪贴画使用方法及设计路径

（1）剪贴画使用范围

制作剪贴画的过程中，首先需明确制作目的，其次确定使用方式，考虑其是否有助于设计项目的设计标准完善，以及是否可用于交流设计愿景的辅助。随后，对剪贴画进行综合分析，确定最终解决方案所需达到的设计标准，并将其作为生成创意的指导工具。剪贴画在多个方面协助设计师完善设计标准，包括目标用户群的生活方式、产品的外观视觉形象、产品的使用与交互方式。此外，它有助于完善新设计产品类相关的标准，以及使新产品在使用环境中实现其应有功能的标准等。剪贴画的创作是感性创作与理性分析相结合的过程，完成的剪贴画可用于确定一些产品特征，如颜色、肌理与材质等[2]。

（2）剪贴画使用流程

步骤 1 明确目标：确定制作剪贴画的目的和使用方式，包括其是否有助于完善设计项目的设计标准，以及是否可用于交流设计愿景。

步骤 2 选择素材：根据小册子和访谈内容，寻找合适的视觉素材（2D 和 3D 的材料皆可）。选择合适的图像、图形或文字作为剪贴画的素材。这些素材可以来源于图片库、插画资源、杂志、报纸等，也可以是自己绘制的图案，凭直觉尽可能多地收集视觉素材。

步骤 3 分类整理：根据所关注的目标用户群、使用环境、使用方式、用户行为、产品类别、颜色、材料等因素将视觉素材进行分类。

步骤 4 布局和构图：设计师需要考虑布局和构图，使剪贴画的元素有机地融合在一起，创造出视觉平衡和美感的组合。决定背景的功能和意义，构图定位（水平或垂直定位）、背景的颜色、肌理及尺寸等。预先在草图上寻找合适的构图，此时需要着重关注坐标轴与参考线的位置。思考图层的先后顺序、图片大小以及图片与背景的关系。

步骤 5 剪贴组合：将选定的素材裁剪下来，然后按照自己的构图意愿进行组合和拼贴。可以使用胶水或双面胶来固定素材。

步骤 6 完善修饰：检查全图，确定该图是否已经呈现出了大部分所需表达的特征。可以根据需要添加细节和装饰，如涂鸦、文字说明等，增强剪贴画的表现力。

步骤 7 数字化（按需选择）：如果需要将剪贴画数字化，可以使用图像处理软件扫描或拍摄剪贴画，并进行后续编辑和处理[2]。

（3）剪贴画设计示例

在根据用户研究资料制作剪贴画时，重要的是深入了解用户的需求、喜好和生活方式，以确保剪贴画能够准确传达目标用户群体的特点和偏好（图 5-14）。

图5-14　数字化剪贴画示意

① 根据用户研究中收集到的用户特征总结出关键词，明确定位剪贴画的核心主题为"轻自在"。此关键词是用户对生活状态的总结，反映了此类用户群体追求轻松、舒适、自由的生活方式。

② 将关键词与趋势词进行联想，例如"舒缓轻""极简轻""朴素轻""精致轻"。这些趋势词帮助在剪贴画中构建更具体的概念，引导着选择适当的图像和元素。

③ 明确人物特征。根据用户研究中获取的用户信息，包括爱好插花和瑜伽、年度旅行次数、喜好自在生活等，确定剪贴画中的人物特点。这些特点将成为剪贴画中的关键元素，如插花的图像、瑜伽体式、旅行场景等。

④ 将用户特征与四个维度的图像进行匹配。将用户研究的资料分别应用到空间、产品、生活方式、服饰这四个维度。比如，对于空间，可以选择清新自然的场景；对于产品，可以选择符合"轻自在"理念的商品图像；可以通过展示瑜伽和插花的场景来体现生活方式；服饰方面可以选择贴近自然、简约舒适的服饰图样。

⑤ 确保视觉统一性。确保剪贴画在整体上保持视觉上的统一性。颜色、风格、图像元素的一致性将有助于传达出整体的"轻自在"主题。

通过这样的剪贴画制作过程，可以将用户研究资料转化为生动直观的视觉表达，更好地帮助团队理解目标用户的需求，为相关设计、产品或品牌的开发提供可视化的参考。

通过以上步骤，设计师可以利用剪贴画来表达创意、增添视觉吸引力，并在设计学科的不同领域中应用。剪贴画作为一种自由而富有个性的创意工具，为设计师带来了丰富的创作可能性。

（4）剪贴画使用提示

在评估图片的质量时，若其未能达到预期，需要准确分析所缺乏的重要元素，包括但不限于以下几个方面。首先，需核查图片的意向，包括目标用户、产品等是否准确表现。其次，需关注素材的数量是否充足，背景定位是否合理，图片之间的关联是否恰当。再者，需审视构图结构是否合理，前景与背景之间是否协调，材料的使用是否恰当，以及材料的整合与区分是否清晰。最后，需考虑颜色和形状的多样性，是否能够充分体现所表达的主题。

在进行图片编辑时，有必要根据需要，对某些图片的细节进行灵活的放大或缩小。这样的调整能够更好地凸显特定的视觉效果或细节，并使图片更贴近预期的效果。

剪贴画是一种视觉化的工具，适用于设计过程的初期阶段，帮助设计师获得设计灵感、完善设计标准，并进行与利益相关者的有效交流。通过剪贴画，设计师可以展现目标用户群、使用情境、产品特征等，为设计过程提供有针对性的内容参考。在使用剪贴画时，设计师需要考虑其局限性，并努力克服，以实现更高效和准确的表达。

5.4 用户画像

5.4.1 用户画像工具概述

（1）用户画像概念与构成

用户画像（Persona）是由美国交互设计师阿兰·库珀（Alan Cooper）于 1998 年提出的设计学概念，最初见于他的著作《交互设计之路：让高科技产品回归人性》[3]。"Persona"一词原指"面具"，引申为用面具扮演的"角色"，具有典型性，代表着一类人。因此，用户画像也被翻译为"人物角色"或"用户类型"。这一概念为描述用户特征（用户是谁、用户有何需求、用户的行为偏好等）提供了一个术语工具。随着在设计领域的广泛使用，对这一概念的研究也逐渐深入[4]。

用户画像是设计学科中广泛应用的可视化工具，旨在描绘和理解目标用户的虚拟个体，以虚拟角色的形式展现用户信息和特征。用户画像有助于设计团队更深入地了解目标用户群体，通常包括用户的个人信息、行为特征、需求、目标、喜好、习惯等方面，同时也涵盖与设计项目相关的背景信息。

（2）构建用户画像的目的

主要目的在于描述用户的行为、价值观和需求，以便帮助设计师更好地理解和交流现实生活中用户的行为、价值观和需求。通过视觉形式呈现目标用户群体，用户画像有助于设计团队形成统一认知，关键在于描绘用户的目标、人物特点、语境和态度等方面。

用户画像的呈现基于现实世界中用户特征的综合原型，有助于设计团队更全面地理解目标用户，从而在设计过程中更好地满足用户需求，提升产品的用户体验。在构建用户画像时，推荐使用手绘方式，以避免使用现成照片可能涉及的版权问题。

用户画像的概念源自戏剧角色的构建，其主要目的在于通过可视化手段表达对目标用户特征的描述。以洗碗机用户为例，用户角色卡片应包含与洗碗、使用厨电及厨房空间相关的信息，如洗碗目标、对厨房空间的期许、洗碗习惯、洗碗过程中的痛点等，如图5-15所示。为增加真实性，用户画像还应包含照片或者画像。设计师需要着重关注用户的行为特征，以便基于前期用户研究来识别产品机遇。

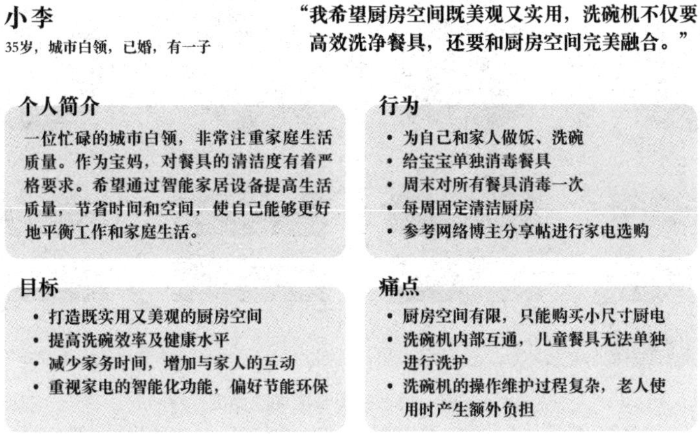

小李
35岁，城市白领，已婚，有一子

"我希望厨房空间既美观又实用，洗碗机不仅要高效洗净餐具，还要和厨房空间完美融合。"

个人简介
一位忙碌的城市白领，非常注重家庭生活质量。作为宝妈，对餐具的清洁度有着严格要求。希望通过智能家居设备提高生活质量，节省时间和空间，使自己能够更好地平衡工作和家庭生活。

行为
- 为自己和家人做饭、洗碗
- 给宝宝单独消毒餐具
- 周末对所有餐具消毒一次
- 每周固定清洁厨房
- 参考网络博主分享帖进行家电选购

目标
- 打造既实用又美观的厨房空间
- 提高洗碗效率及健康水平
- 减少家务时间，增加与家人的互动
- 重视家电的智能化功能，偏好节能环保

痛点
- 厨房空间有限，只能购买小尺寸厨电
- 洗碗机内部互通，儿童餐具无法单独进行洗护
- 洗碗机的操作维护过程复杂，老人使用时产生额外负担

图5-15　洗碗机用户画像示例

（3）用户画像与用户细分的差异

用户画像与用户细分的概念存在明显区别，后者主要以人口统计信息为依据进行划分，而前者则着重关注用户行为、需求、认知和痛点等方面。在创建用户画像时，通常需要绘制多个画像，以便在针对不同需求进行设计时能更加精准地满足目标用户的要求。用户画像所包含的内容不仅有性别、年龄、职业和收入等基本信息，还应涵盖用户的行为习惯、现有认知状态以及所面临的痛点等方面的细节。

（4）动态用户画像

在用户画像概念提出的初期阶段，关注的焦点就已集中在用户的目标、与产品或服务的互动关系、用户的期望以及激发其动机（尽管用户可能未清晰地表达）。然而，在实际使用这一工具的过程中，设计人员却更偏向关注用户的即时行为（在定性分析时）以及一些人口统计学的信息（在定量分析时）。在实际应用的场景中，用户画像模型往往难以准确描述典型用户。

为了更深刻地理解用户画像，辛向阳、张慧敏（2018）提出了从动态可能性的角度来思考。动态用户画像被定义为对潜在用户的描述，通过富有创意的设计思维，超越用户表面差异，寻找深层次的共通性，并具备预见性和可迭代性。该描述包括了信仰层面的潜在用户画像、同理心层面的可能用户画像以及设计流程层面的临时用户画像[5]。

① 动态用户画像的构建维度（图5-16）

自然条件维度：用户的基本属性，包括年龄、性别、地理位置等，是构建动态用户画像的基础。

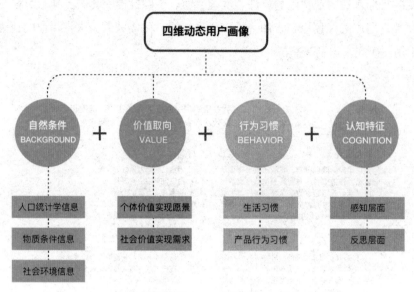

图5-16 动态用户画像构建维度

（图片来源：张慧敏.基于生活方式转型的动态用户画像研究［D］.无锡：江南大学，2019.）

价值取向维度：用户对个体和社会所能产生的价值的期望，不仅是偏好和价值观，还包括自身对群体与社会的影响。

行为习惯维度：用户的即时行为，定性分析和人口统计学信息是研究的主体，凸显用户在实际应用中的行为模式。

认知特征维度：用户的思维方式、态度、能力等外在表现，受自然条件和价值取向维度共同影响。

② 动态用户画像与静态用户画像的对比

区别：在时间视角上，相较于传统的静态用户画像，动态用户画像不仅关注用户当前的状态，还注重用户的发展和变化，以生活愿景为导向。

在描述重点方面，静态用户画像以用户需求为导向，重点在情境中的行为模式；动态用户画像以生活方式为导向，更具持续性、趋势性和创造性。

在稳定性层面，静态用户画像相对稳定，描述用户在特定情境中的反应；动态用户画像更灵活，反映用户生活的演变和个人目标的追求。

共性：a.以用户为导向。两者都着眼于用户，以提高用户体验和产品设计的准确性为目标。b.以用户信息为基础。均以用户的自然条件为基础，包括基本属性和即时行为。c.综合考虑用户特征。都需要考虑用户的认知特征，但在动态用户画像中认知特征更加关注用户的发展和变化。

动态用户画像是对原有静态用户画像局限性的一种克服。通过综合考虑自然条件、价值取向、行为习惯和认知特征这四个维度，动态用户画像能更全面地理解用户，为产品开发提供更有深度的指导[6]。

（5）用户画像的关注点

用户画像的关注点主要在于用户的行为特征和产品功能之间的关系，而非个人喜好。在处理用户需求时，应聚焦于共性的行为特征，而不是个体的个人特点。例如，设计专业的学生可能会花费60%的时间在课业上，相较几年前，现在的设计专业学生面临更大的学习压力和强度。因此，应基于这些共性特征来构建用户画像，而非关注个体间的差异。在绘制用户画像时，学生们可能会有共性的学习目标和课程需求。因此，我们需要关注学生群体的共性特征，而不是个体间的差异。

在进行用户需求调研后，设计师需要深入理解研究资料，并将这些理解转化为产品属性。在设计新产品时，需要充分考虑生产工艺、技术条件、设计性质和风格等因素。最终目标是创造出在市场上具有一定影响力、能够获得更多销售的产品。因此，在设计新产品时，需要综合考虑技术性、设计性以及市场性等要素。

5.4.2 以用户画像深入理解用户类型

在用户研究中，用户画像的作用不仅仅是为了简单地呈现用户信息，更是为了深入理解用户的行为、价值观和需求。通过用户画像，设计团队能够建立起对用户的全景认知，包括他们的背景、行为模式、使用场景等多方面的信息。这种全面性的了解，有助于设计师更精准地预测用户行为和反应，从而在产品设计中更好地满足用户的实际需求。

另一方面，用户画像在用户研究中的应用也能够促进更深入的用户参与和反馈。通过在用户研究中引入用户画像，设计团队能够更加有针对性地进行用户访谈和调查，从而更具针对性地收集用户的意见和建议。这种用户参与的深化，有助于设计团队更全面地了解用户需求的变化趋势，及时调整设计策略，确保产品在市场中的竞争力。因此，用户画像在用户研究中既是一个汇总和展示信息的工具，同时也是推动用户参与和团队协同的重要媒介。

用户画像的作用具体体现在：在用户调研完成后，它用于系统性地总结和分享所获得的结论；在产品概念设计阶段，以及在与团队成员和其他利益相关者共同讨论设计概念时，用户画像也发挥着重要的作用。通过这两个关键时刻的应用，用户画像有助于设计师在不同阶段持续地传递对用户价值观和需求的理解和体验。这使得设计团队能够更有针对性地调整设计策略，确保产品更贴合用户期望，提升整体用户体验。

在使用用户画像的方法时，首先需要通过定性研究、情境地图、用户访谈、用户观察等方法收集与目标用户相关的信息。在此基础上，建立对用户的理解，包括用户的行为方式、行为主旨、共通性、个性和不同点等。通过总结目标用户群的特点（包括他们的梦想、需求以及其他观察所得的信息），将用户群进行分类，并为每种类型建立一个人物原型。当人物原型所代表的性格特征变得清晰时，可以将他们形象化，例如通过视觉表现、起名字、文字描述等。一般情况下，每个项目通常只需要3～5个用户画像，以确保信息充足并便于管理。

5.4.3 用户画像创建方法及设计路径

（1）用户画像创建内容

交互设计专家阿兰·库珀（Alan Cooper）在《软件观念革命：交互设计精髓》一书中提到了一种用户画像创建方法，强调流程中的一些要点（图5-17）。包括定义人物角色假设，将访谈主体映射到行为变量（如活动、态度、能力和使用动机等），标记重要的行为模式（如逻辑对应关系），检查完整性和冗余，展开叙述（包括用户的态度和行为），快速介绍角色的职业或生活方式，简要说明其一天的生活，并最后指定一个用户画像类型[7]。

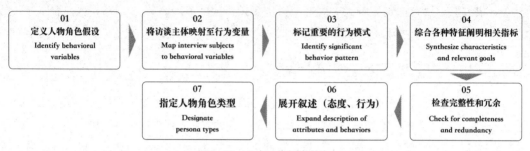

图5-17　用户画像创建方法

国外学者 D.Travis 在提出用户画像这一概念时给出了七个基本条件：基本性、移情性、真实性、独特性、目标性、数量和应用性，并将这七个特性的首字母组成"Persona"一词，翻译为中文即为"用户画像"[8]。T.Lafouge 等人认为检索用户特征信息主要包括两个方面：与用户个人相关的稳定因素（如该用户的个人基本信息、行为信息以及习惯信息）与可变因素（如检索环境、搜索目标等可能发生变化的因素）[9]。Guimaraes 等人将用户画像的构成要素归纳为：用户的基本素养、学历层次、社会关系、工作状况、位置情况、时间信息等[10]。

国内学者也从不同的角度提出了用户画像的不同构成维度，如曾建勋提出从用户的专业背景、知识获取习惯、兴趣偏好、特长任务等方面构制用户画像标签[11]。李映坤对用户画像的上述构成进行了拓展，提出了自然属性、关系属性、兴趣属性、能力属性、行为属性（消费属性）与信用属性的用户画像构建方法[12]。刘海鸥等人在研究中融入了用户的情境属性要素，将用户画像维度划分为自然属性、社交属性、兴趣属性和能力属性[13]。马安华则以电子商务与通信领域为例，在构建用户画像模型的过程中不仅考虑了用户基本信息属性（用户基本资料与基础信息），同时还充分考虑了用户的行为偏好属性（访问偏好、最新关注、搜索信息、业务使用、应用使用排名、社交媒体分析、流量消耗和终端维护等），以此建立了更为细致、全面的用户画像模型。该模型不仅能够体现用户的人口统计学特征，同时还能体现用户在习惯态度、行动轨迹等方面的不同差异[14]。高玉龙使用 Persona（用户画像）的每个字母代表一个步骤要素。P（primary research）表示初步研究；E（empathy）表示同理心；R（realistic）表示逼真性；S（singular）表示独特性；O（objectives）表示目的性；N （number）表示用户画像的数量；A（applicable）表示应用性。设计师可以通过这些步骤构建用户画像，以更好地理解目标用户[15]。

（2）用户画像使用流程

基于以上方法，将使用用户画像的步骤概括如下：

步骤 1 用户调研：在构建用户画像之前，进行充分的用户调研是至关重要的。这一研究过程通过调查、访谈和观察等方法收集用户的信息和数据，以深入了解目标用户的特点和需求。

步骤 2 归纳和分类：对收集到的用户信息进行整理和分类，以发现用户群体之间的共性和差异。这样的分类能够为后续用户画像的创建提供有价值的参考。筛选出最能代表目标用户群且最与项目相关的用户特征。

步骤 3 创建用户画像：基于归纳得到的用户数据，创建具体的用户画像。一个标准的用户画像通常包含以下个人信息：姓名、年龄、教育背景、职业、兴趣爱好、种族特征、家庭状况等。尽量用一张纸或其他媒介清晰地表现一个用户画像。注意运用文字和人物图片表现用户画像及其背景信息，可引用用户调研中的用户语录。将每个用户画像的主要责任和生活目标都包含其中。这些信息共同构成了用户画像的全貌，有助于对用户进行深入而全面的描述。

以下是用户画像中的十个要素（图 5-18）：

① 个人基本信息：通过真实照片或画像呈现用户的姓名和年龄，以建立用户形象的真实感。

② 个性特征：如果与课题相关，描述用户个性特征，以深化对用户的了解。

③ 用户需求：通过大量用户访谈整理用户言语和产品使用感受，准确总结出用户的需求，以指导设计过程。

④ 原型与用户声音：提取用户的代表性原话，以真实用户语言呈现用户的观点和反馈。

⑤ 技术水平：了解用户在技术方面的水平，包括掌握和使用工具的水平，以确保设计的产品适用于不同技术能力的用户。

⑥ 用户体验目标：具体描述用户期望达到的用户体验目标，为设计提供明确的方向和目标。

⑦ 使用设备和平台：根据课题的特点，详细描述用户在实现过程中所依赖的设备或平台，确保设计与用户使用环境相契合。

⑧ 领域细节：提供关于用户的一些详细数据，例如使用产品类别的占比等，以深入了解用户的领域细节。

⑨ 行为特点：包括用户必须做和坚决不做的行为特点，以确保设计符合用户习惯和期望。

⑩ 品牌与产品偏好：根据需要选择性地包含用户对品牌和产品的偏好，以更全面地考虑用户的个性和喜好。

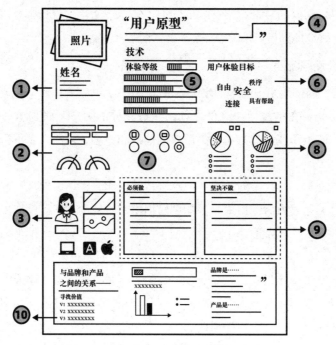

图5-18　用户画像的十要素

步骤4 故事叙述：将用户画像置于具体场景中，编写相关故事或场景，以描述该用户角色在特定情境下的使用场景和需求。这样的叙述能够更加生动地展现用户的行为和需求，有助于在设计过程中更好地考虑用户的实际使用情况。

步骤5 设计应用：在设计过程中，设计团队可以参考用户画像，评估设计方案对不同用户角色的适用性，从而为用户需求做出更有针对性的设计决策。用户画像能够帮助设计团队更好地理解目标用户，从而提升产品的用户体验。

通过以上步骤，设计团队可以充分利用用户画像这一工具，更全面地理解目标用户，从而在设计过程中更好地满足用户需求，提升产品的用户体验。

（3）用户画像设计示例

下面以开发与旅行相关的新产品为例，我们需要研究旅行的背景和特点，发现当前的趋势，如自助游的普及。在这个过程中，还需关注痛点问题，例如旅行前做攻略过程中的麻烦事。

阶段1 寻找目标用户：在进行设计创新之前，我们需要思考产品的设计目标。假设用户需要一个能节省旅行前计划时间的工具，基于用户的偏好和需求，为用户推荐游玩安排和预算参考。我们希望开发这样一个产品，以帮助用户在旅行前进行规划，并智能推荐游玩地点。这是确定目标用户的第一步。

一般来说，在确定目标用户时，首先可以通过团队内部的头脑风暴和小组讨论激发创意；其次，可以借鉴客户服务和市场部门的调研成果；最后，参考第三方机构提供的预测数据、流量统计和指数分析等研究报告。这些步骤有助于描绘目标用户群的详细画像，并进行深入的 SET（社会、经济、技术）分析，以全面理解目标群体的特征和需求。

假设用户需要一个能节省旅行前计划时间的工具，用户只要告诉工具自己的旅行偏好和旅行需求，即可自动推荐吃、住、玩以及游玩攻略。

阶段 2 定性研究：接下来，我们开始进行定性研究，运用观察法、访谈法或进行可行性测试。通过这些方法，我们可以验证用户需求假设，并发现新的需求，如景点时间安排、交通路线和预算等。在此基础上，我们可以进一步完善产品设计。基于用户访谈建立 Persona 样本。

用户访谈记录："旅游时我更喜欢体验当地的风土人情，一些没有特色跟其他地方景点雷同的景点就不想去了。时间安排上不想太紧，想悠闲点，我多半会去马蜂窝、驴评网等旅游社区网站收集旅行资料，确定去哪些景点，然后查路线，但容易出现景点时间安排不合理的时候。如果有这样一个旅行计划工具，我会很想能帮我安排合理的景点浏览时间计划，最好能给个大概的预算，那样便是极好的了。"

以上验证了假说，用户需要这个工具；发现新的假说，计划工具应该包含景点时间安排、交通路线、旅行预算等需求。

阶段 3 细分用户：最后，我们通过不同的需求维度对用户进行细分。根据用户对旅游体验的需求差异，我们将目标用户划分为三类：超级"懒人"自助游、"懒人"型自助游和勤奋型自助游。这些类型的划分基于用户的行为特性和需求特性。通过这种方式，我们可以更有效地满足不同类型用户的需求。

① 超级"懒人"自助游用户：此类旅游者崇尚即兴出游，偏好"一场说走就走的旅行"。他们通常不会花费太多时间在旅行计划上，而是更倾向于即时决定目的地并出发，追求自由自在的旅行体验。

② "懒人"型自助游用户：此类旅游者享受规划旅行的过程，特别是浏览旅行攻略带来的乐趣。尽管如此，他们并不愿意投入大量时间进行详尽的行程规划，而是倾向于简化旅行准备过程，寻求效率与乐趣的平衡。

③ 勤奋型自助游用户：此类旅游者偏好包括骑行、自驾和背包旅行在内的更具探险性的旅游形式。他们愿意深入研究和规划旅行的每一个细节，从而获得更加丰富和深入的旅行体验。这需要他们查找广泛的信息，并制订详尽的旅行计划。

阶段 4 创建角色：最终阶段是角色创建。角色创建的目标在于强调目标人群与非目标人群间的显著差异，并确保真实可行，因为角色的所有元素都源于现实世界的用户需求，而非纯粹的构想。简言之，这个角色应提供个人基本信息、旅行背景、用户目标以及商业目标。在网络上搜索用户画像样本，可以发现各种样本都有所不同。这些模板可以根据项目和课题需求进行选择（图 5-19）。

用户画像并没有完全统一的模式，可以根据需要进行处理。用户画像可以文字描述为主，也可以图表为主。在细节方面，可以整合用户需求、用户体验目标以及使用设备和平台等信

PERSONA 样本

姓名	小刘
年龄	27岁
职业	外企白领
婚姻	未婚
年收入	15万元
工作地点	深圳

旅行背景

爱好自助游，讨厌跟团的时间上赶场的感觉；每年长途旅游2~3次，短途5~6次；觉得旅行前做旅行笔记很麻烦，总是要去很多网站查资料排计划，很耗时间，但又不得不做。

用户目标

能根据自己的旅行偏好和需求自动生成旅行计划，最好有交通路线、景点安排、旅行预算等。

商业目标

吸引"懒人"型自助游爱好者，帮助用户旅行前节省更多的时间，而后逐步节省开销，并赚取预定及高级定制利润。

图5-19　建立用户画像案例（照片利用Midjourney生成）

息。此外，还可以分析用户的技术能力、网络应用能力、合作关系、时间管理工具和专业性等现有价值。根据需求，还可以收录用户的典型用语。例如"相较电影，书是一个人了解世界更好的方式"。同时还需了解用户的基本信息、技术能力，例如互联网应用能力、社交网络能力和游戏能力等。下面的案例是一个与书相关的软件产品 Bookworm，所以目标用户群体是"书虫"。此外，了解用户在何种情况下会感受到挫败感，以及他们的阅读行为特点和喜欢的书籍类型。图 5-20 是基于书虫制作的用户画像。

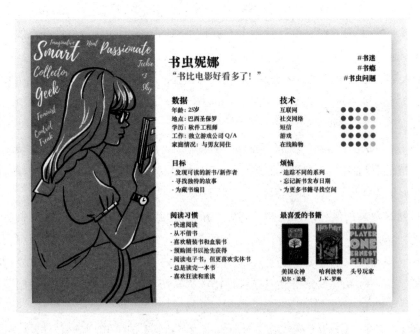

图5-20　用户画像案例——书虫

几个案例阐释了用户画像的灵活性，表明其并无固定的模式，因此不受限于特定形式。不同的角色，如书虫、营销人员以及网络领袖等，都可创建用户画像。网络领袖一类的个体特别关注前沿信息，并通过其购买行为影响其他人。用户画像通常以文字形式描述，但也可以通过图表呈现。此外，还存在一种简便的方法，即使用关键词概括用户画像。以"Mailchimp"（邮件猩猩）为例，该邮件营销工具通过分析邮件的功能角色定位，概括出产品功能所对应的人物形象（如接待员、开发者等），并以人物形象和关键词的海报形式来传达产品的功能和角色定位（图5-21）。例如，接待员角色的关键词包括"自信""聪颖""勤奋""礼貌问候""足智多谋""固定式""自力更生""忙碌""前台"；开发人员角色的关键词为"技术""精明""高素养""移动""聚合者""创业者""自我服务"；工作室顾问角色的关键词则为"管理者""问题解决者""专家""智能""独立自主""干练""有创意"。在特殊情况下，如海报或只需关键词阐述的情形，这种简明的方法尤为适用。因此，用户画像可以灵活制作，并根据需求进行处理。

图5-21　Mailchimp用户画像示意（利用Midjourney生成）

再如一个学习如何创业的平台 Shopify Plus，与前述案例不同，此案例采用了类比的方式来表达用户。根据创业成熟度和经验水平形成的不同需求，可将创业者划分为不同的用户画像。Shopify Plus 平台采用了类比的方式，将创业者比喻为运动场上的不同类型的运动员，以凸显用户的差异。根据运动场项目的比喻对创业者进行分类：Trainee（受训者）类型用户特征为在一无所知的情况下学习创业，其主要需求是教育和培训，基础创业指导。Sprinter（短跑者）类型用户特征为希望在短时间内快速创立一家公司，其需求是快速、高效的创业工具，市场推广支持。Relay（接力）类型用户特征为希望将公司转手给他人，他们需要寻找合适的接手者，转让流程的支持。Marathon（马拉松）类型用户特征为希望长期经营公司，他们需要更持久的支持、战略规划、长期稳定的业务工具。通过这种类比方式，创业者的不同特性和目标得以清晰表达，使得平台能够满足各类用户的需求。这个分类标准帮助平台更好地理解用户，为不同类型的创业者提供有针对性的支持和工具。图 5-22 为 Shopify Plus 平台的用户画像示意图。

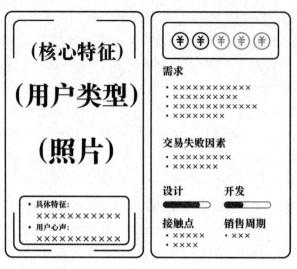

图5-22 Shopify Plus平台用户画像示意

（4）用户画像使用提示

在创建用户画像时，设计师应避免沉浸在用户研究结果的具体细节中。有视觉吸引力的用户画像在设计过程中往往更受关注和欢迎，并且使用率也更高。用户画像还可以作为制作故事板的基础，帮助设计师关注某一特定目标用户群，而不是所有的用户。通过遵循上述步骤，设计师可以充分利用用户画像这一工具，更全面地理解目标用户，从而在设计过程中更好地满足用户需求，提升产品的用户体验。

总之，用户画像可以根据课题和项目需求采用不同的表现形式和内容。核心在于捕捉目标用户的显著特征和需求，以便设计出更贴合实际需求的产品。在创建用户画像时，应注意完整性、逻辑性以及真实性，确保所呈现的角色信息能够为产品开发和优化提供有价值的参考。无论采用哪种表现形式，关键在于深入理解用户需求，从而为产品设计和市场营销提供更有力的支持。

5.5 故事板

5.5.1 故事板工具概述

故事板（Storyboard）是一种通过视觉方式呈现故事、情节或设计概念的序列画面工具，它以图画和文字的形式相结合，类似于漫画或连环画的形式，用于陈述设计在其应用情境中的使用过程。故事板在两个主要方面得到广泛应用：一是在用户调研完成后，用于总结和交流结论；二是在产品概念设计和与团队及其他利益相关者讨论设计概念时使用。通过可视化展现人物、产品服务，以及产品和服务使用过程，故事板使设计团队更深入地理解目标用户群、产品使用情境、产品使用方式和时间 [2]，为设计提供了清晰而直观的视角，有助于更好地考虑用户需求，提升产品和服务的设计质量和用户体验。

故事板由图画和文字组成，通过将不同场景或情节以一系列的画面（帧）呈现，以视觉叙述的方式表达一个完整的故事或设计概念。每个画面描述一个特定的场景或动作，并按照特定顺序排列，形成连贯的故事情节，类似于电影讲故事的方式。

故事板之所以高效，源于其适应人类社会特质的能力，作为促进沟通和交流的最佳手段，能够引发情感共鸣。自人类早期起，讲故事就是一种根植于人类社会的根本需求。故事的形式随着社会的发展不断演变，从口述、文学作品、戏剧演出到电影等多种形式都成为讲故事的艺术。电影作为第七艺术，继承了传统的六大艺术形式，并将声音与光影融合为一体，动态地讲述故事。

以著名小说《远离尘嚣》（*Far from the Madding Crowd*）改编成电影为例，观众在电影中获得了全新的心理感受，深度融入故事的情境，感受到情感上的共鸣。电影通过图像、音频、表演等多种元素更生动地呈现故事情节和人物性格。

故事板作为一种可视化工具，在人类交流特质和情感共鸣的能力方面，以及电影作为第七艺术的独特表现形式中，提供了高效而引人入胜的方式，使故事在不同文化和媒介中得以传承和发展。

5.5.2　利用故事板表达创意与细节

故事板在整个设计流程中具有广泛的应用。设计师可以借助故事板体验用户与产品的交互过程，并从中获得灵感。随着设计流程的推进，故事板会不断演进和完善。在设计的初期阶段，故事板可能是简单的草图，可能附带设计师的一些评论和建议。随着设计流程的深入，故事板将逐渐丰富，融入更多细节信息，帮助设计师探索新的创意并做出决策。在设计流程的末期，设计师可以根据完整的故事板来反思产品设计的形式、产品所蕴含的价值以及设计的品质[2]。

故事板在用户研究中扮演着至关重要的角色，成为设计团队不可或缺的可视化工具。它不仅在用户调研后用于总结和交流结论，还在产品概念设计和与团队成员、利益相关者讨论设计方案时发挥着关键作用。通过故事板，设计师能够深入了解目标用户群体、产品使用情境以及使用方式，提供了一个直观、生动的展示方式，有助于团队形成共同的认知。故事板在设计流程中逐步演进，从简单的草图到丰富的细节信息，帮助设计师发现创意、做出决策，并最终反思产品设计的形式、传达的价值和设计品质。故事板为设计和创意的表达提供了强有力的支持。它能够帮助设计师更好地理解用户需求，激发创意灵感，优化产品设计，从而提升设计的质量和用户体验。

同时，故事板作为一种表达工具，也存在一定的局限性。不同的视觉表达方式会影响读者对故事板的反馈。粗略开放式的故事板更容易引发读者的评论，而优美精细的故事板则可能导致读者感到困惑。在以分析为主要目的（如分析产品使用情况、设计问题和用户感受等）的故事板中，通常采用事实性的视觉表达方式。而用于激发设计创意联想的故事板则往往采用较为粗略的视觉表达方式。以评估设计创意为主要目的的故事板通常较为开放，融合了各种不同的视角。这些故事板通常运用看上去并未完成的草图表现手法，以吸引更多读者的反馈信息。而用于展示产品概念设计方案的故事板则通常需要具备完善的细节，使其看上去十分干脆利落[2]。在设计故事板时，需要充分考虑读者的理解和反应，以确保信息能够准确传达和被理解。

5.5.3　故事板使用流程及设计路径

故事板作为一种极具感染力的视觉素材，能够使读者对完整的故事情节一目了然，包括用户与产品交互发生的时间和地点、用户和产品在交互过程中的行为、产品的使用方式、产品的工作状态、用户的生活方式、用户使用产品的动机和目的等信息。设计师可以在故事板上添加文字来辅助说明，这些辅助信息在讨论中也能发挥重要作用。若要利用故事板进行思维发散，以生成新的设计概念，可以先绘制一张包含图文信息的交互概念图，该图展示了产品与用户交互的基本框架，可用于交流和评估产品设计概念。

（1）故事板使用流程

步骤 1 规划故事情节：在开始创建故事板之前，确定以下几个元素：创意想法、模拟使用情境以及一个用户角色。选定一个故事和想要表达的信息，明确故事情节和内容，即想通过故事板表达什么。规划好每个画面所要表达的场景和动作，确保故事板的连贯性。简化故事，简明扼要地传递一个清晰的信息，可以运用 12 张图表达。

步骤 2 排列场景：确定时间轴，将画面按照故事情节的先后顺序排列。确保画面之间的过渡流畅，让故事板的叙述具有连贯性和视觉引导性。在设计故事板时，通常使用 3～6 个情节来表达一个观点，避免将过多内容堆叠在一起。如果需要表达多个观点，可以创建多个故事板，但尽量控制篇幅，简洁地传达重要信息，确保观点或事情表达清晰。

步骤 3 绘制画面：绘制每个画面，用简洁明了的图画和少量文字描述，表达所要呈现的场景或动作，再添加其他细节。画面可以是草图或简单的线条，主要目的是捕捉故事情节的核心。若需要强调某些重要信息，则可采取变换图片尺寸、留白空间、改变构图框架或添加注释等方式实现。

步骤 4 添加文本：如果需要，可以在画面上添加少量文本说明，使用简短的注释为图片信息作补充说明，帮助阐释故事情节，但要保持简洁明了。不要平铺直叙，不要一成不变地绘制每张故事图。表达要有层次。

步骤 5 完善细节：通过迭代和反复修改，完善故事板的细节，确保其能够准确表达设计概念或故事情节。

通过以上步骤，设计团队可以使用故事板来展现设计概念、规划故事情节或进行沟通和呈现。故事板作为一种可视化的工具，能够帮助团队更好地理解和共享设计创意和故事叙述。

（2）故事板使用提示

在创作故事板时，漫画与影视的表达技巧是非常有价值的参考资源。这些技巧中，有很多可以应用于创作产品使用情境和故事板，当然也有一些技巧并不适用于这一目的。在绘制故事板时，需要仔细斟酌选择绘图的角度，就像摄影时需要考虑摄像机的位置一样（例如采用特写或广角）。同时，还需要深思熟虑故事板的顺序和视觉表现手法，以确保最佳的传达效果。

值得注意的是，故事板不仅可以应用于静态图像的表达，也可以用来制作视频短片。举例来说，可以运用故事板制作一个关于特定设计的独特卖点的视频，以更生动地展示产品的特性和优势。

另外，运用故事板还能够协助设计师与项目的利益相关者进行有效的沟通。通过故事板，设计师能够更清晰地传达设计理念和创意，帮助项目相关方更好地理解和参与设计过程，从而促进更加顺畅的合作与反馈。

（3）故事板设计示例

故事板的核心特点在于图文结合，因此在绘制时融入文字能够更准确地传达信息。以"纪念日提醒"功能为例，通过使用故事板阐述用户面临的痛点问题。在图5-23的故事中，用户由于没有及时提醒而遗忘了家人的生日，从而产生了困扰。因此，为了详细描述用户的痛点问题，可以借助故事板的形式进行阐述。

①小陈用手机内置的记事本记下父母、朋友的生日以便适时提醒

②小陈接到一个设计项目，生活变得忙碌

③妈妈的生日临近，手机根据设定进行提醒

④小陈回家给妈妈过了一次愉快的生日

⑤继续奋斗，项目大功告成

⑥由于没有自动更新，小陈错过了爸爸的生日

图5-23　故事板案例：纪念日提醒

此外，故事板通过创新产品概念和使用场景的呈现，能够更直观地展示产品在不同场景中的交互方式。图5-24案例以故事板的形式呈现了产品在不同使用场景下的交互方式，例如在客厅和厨房中，该产品是如何进行交互的。尽管这些场景并未构成一个完整的故事，但它们以场景为基础进行呈现。因此，故事板的形式有效地表达了产品在不同场景下的自动交互特性。

图5-24　故事板案例：不同场景下的产品交互（图片来源：《智慧家庭助手》研究项目）

5.6　用户旅程图

5.6.1　用户旅程图工具概述

用户旅程图（User Journey Map）作为一种可视化工具，用于呈现客户与产品、服务或品牌之间交互的全过程体验，旨在帮助设计师深入理解用户在与特定产品、服务或品牌进行交互的各个阶段中的体验感受。该图表覆盖了客户在整个交互过程中的情感、目的、交互方式、遇到的障碍等关键要素。

2016年麦肯锡咨询公司的用户体验专家详细解释了用户旅程的含义：

① 它是用户的一个经历，而非仅仅是接触点，是接触点连接起来的完整旅程；

② 不是关注单个接触点的体验，而是关注整个旅程的体验，每个接触点满意并不一定旅程满意；

③ 描述旅程的语言是基于用户的视角，例如"我想进行产品换代"；

④ 涉及线上、线下多种渠道的接触点；

⑤ 旅程持续时间较长，同时是可以重复的[16]。

用户旅程图通过图表、图像、文字等形式，按时间顺序展示客户与产品、服务或品牌交互的整个过程。一般情况下，用户旅程图呈现为一条横向时间轴，轴上标记着不同的阶段或接触点，而每个阶段则包含了客户的情感、需求、行为、接触点等关键信息。

5.6.2 以用户旅程图串联体验过程

用户旅程图作为可视化策略工具在用户研究中具有显著的应用。其核心目标是通过按时间顺序串联用户使用产品或服务过程中的关键要素，如行为、阶段、触点、痛点和情绪，以呈现用户的完整体验过程[17]。这一工具在体验经济时代崛起，为服务设计提供了一种直观而有力的方式，通过视觉化地图，清晰地展示用户在整个旅程中的互动与反馈。

用户旅程图的应用范围涵盖了设计过程的多个层面。首先，它有助于深入了解用户在使用产品或服务过程中的行为动线，从而发现用户可能遇到的问题和需求。通过描绘关键阶段和触点，设计团队能够更准确地把握用户的体验，为后续的设计决策提供有力支持。其次，用户旅程图在团队沟通和决策过程中扮演着重要角色，帮助团队成员和利益相关者更直观地理解用户的感受和期望。最后，通过在不同阶段持续更新和优化用户旅程图，设计团队可以实时关注用户需求的变化，从而及时调整设计策略，提升整体用户体验。

用户旅程图可以在整个设计项目中使用，旨在深入研究客户在与产品或服务的交互中所经历的各个阶段的体验。在设计项目的初期，设计师可以通过研究客户及其体验，制作用户旅程图来呈现产品使用过程中的各个阶段和情境。用户旅程图的绘制过程帮助设计师发现自身知识匮乏之处，并在后续设计阶段补充和获取必要的信息。此外，设计师还可以根据用户旅程图集中精力进行设计，并标注设计改进的方向[2]。

用户旅程图的独特之处在于其强调时间序列，使得设计团队能够以更动态的方式观察用户与服务的互动，捕捉用户在整个旅程中的情感波动和关键节点。这种时间轴上的视角为设计师提供了有力的工具，以便更全面、系统地理解和优化用户的整体体验。

5.6.3 用户旅程图绘制方法与流程

（1）用户旅程图绘制方法

绘制用户旅程图时，重要的是明确描述每个步骤以及其中的机会点和接触点，同时表达每个阶段用户的情感变化。这些元素对于识别用户体验中的问题点和潜在需求至关重要。用户旅程图有助于设计师全面把握用户在交互过程中的感受、想法和行为，从而优化产品或服务的设计，提升用户体验。

以一个典型的用户旅程图模板为例（图5-25），该图包括8个部分：第1部分是用户画像，用于描述目标用户的特征和特点；第2部分是使用场景（scenario）及用户目标与期望，用于说明用户在特定情境下的使用场景及其期望和目标；第3～6部分是图的主体，描述整个用户旅程的核心内容，在这些部分中，采用灰色矩形来表示用户旅程的各个阶段；第4部分展示了每个阶段的具体行为；第5部分反映了用户在旅程中的想法和感受；第6部分则呈现用户情绪变化曲线，用以表示用户在旅程中的满意度水平；第7部分涉及商业目标和设计创意机会，用于探讨与用户旅程相关的商业目标，并提出可能的设计创意；第8部分的内部分工则关注项目的主导权，不需要过多展开讨论。

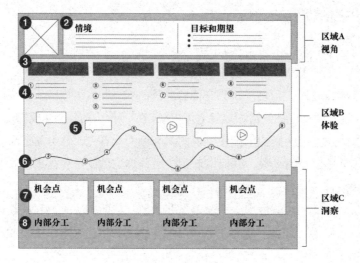

图5-25　用户旅程图模板

　　这个典型的用户旅程图模板的结构使得设计师能够全面了解用户在与产品、服务或品牌交互的全过程中所经历的不同阶段和体验。从用户画像和使用场景开始，设计师可以了解目标用户的特征和需求，以及他们在具体使用情境下的期望和目标。然后，通过核心部分的灰色矩形，设计师可以深入了解每个阶段用户的具体行为和情感体验，包括其想法、感受和情绪的变化趋势。通过这样的图示和信息呈现，设计师能够更加直观地把握用户旅程中的关键点和问题，同时发现商业机会和设计创意的可能性（图 5-26）。

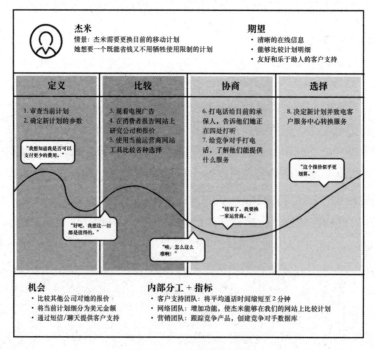

图5-26　用户旅程图案例

用户旅程图的绘制还有两种方法。第一种是线性用户旅程图，它以流程式的方式呈现用户的体验，整个图表由多个接触点组成。例如，在宜家网站购物体验中，每个接触点都用线和点表示，形成了一幅线性的用户旅程图（图5-27）。这种方法适用于在线体验的场景。

图5-27　江苏无锡宜家的用户旅程图

另一种方法是绘制类似于三维立体的用户旅程图，这种方式更适用于线下实体体验。当涉及实体商店的消费过程时，采用实体场景的展示可能更形象。在每个场景中，通过模拟真实场景，可以更直观地展示用户在进门、咨询和产品展示等各个接触点中所遇到的情况（图5-28）。

线性用户旅程图适用于在线体验，通过流程式的展示来描述用户的体验。而三维立体的用户旅程图适用于线下实体体验，以实际场景的模拟来更形象地展示用户的交互过程。选择合适的绘制方法取决于具体的用户体验场景和目的，以确保准确有效地表达用户的体验和需求。

使用用户旅程图是一种深入理解客户在使用特定产品或服务时整个过程的方法。设计师常常陷入一个误区，他们所设计的产品功能在理论上可行，但在客户使用产品或服务的实际环境中难以达到预期效果。通过用户旅程图的应用，设计师能够避免设计与客户体验不协调

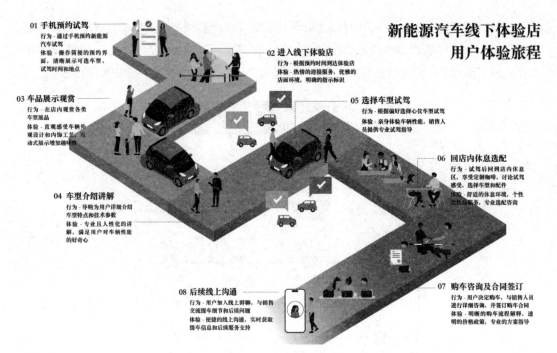

01 手机预约试驾
行为 - 通过手机预约新能源汽车试驾
体验 - 操作简便的预约界面，清晰展示可选车型、试驾时间和地点

02 进入线下体验店
行为 - 根据预约时间到达体验店
体验 - 热情的迎接服务，优雅的店面环境，明确的指示标识

03 车品展示观赏
行为 - 在店内观赏各类车型品
体验 - 直观感受车辆外观设计和内饰工艺，互动式展示增加趣味性

05 选择车型试驾
行为 - 根据偏好选择心仪车型试驾
体验 - 亲身体验车辆性能，销售人员提供专业试驾指导

04 车型介绍讲解
行为 - 导购为用户详细介绍车型特点和技术参数
体验 - 专业且人性化的讲解，满足用户对车辆性能的好奇心

06 回店内休息选配
行为 - 试驾后回到店内休息区，享受定制咖啡，讨论试驾感受，选择车型和配件
体验 - 舒适的休息环境，个性化饮品服务，专业选配咨询

08 后续线上沟通
行为 - 用户加入线上群聊，与销售交流提车细节和后续问题
体验 - 便捷的线上沟通，实时获取提车信息和后续服务支持

07 购车咨询及合同签订
行为 - 用户决定购车，与销售人员进行详细沟通，并签订购车合同
体验 - 明晰的购车流程讲解，透明的价格政策，专业的方案指导

图5-28 新能源汽车线下体验店用户体验旅程图

的孤立接触点或产品特征。当客户使用复杂的产品或服务时，他们可能需要在一定时间内进行多个步骤或在多个渠道上进行操作。设计师可以通过用户旅程图的辅助，思考这些复杂的客户体验步骤，并开发出符合客户体验规律且对客户和开发商都有价值的产品和服务。

（2）用户旅程图绘制流程

步骤1明确目标：在绘制用户旅程图之前，明确图的目标以及要传达的信息。确定目标客户群体类型，涉及的产品、服务或品牌，并阐明选择理由。详细且准确地描述目标客户，并记录获取这些信息的方法，如运用定性研究。

步骤2收集用户洞察：收集有关目标客户的洞察信息，包括数据调研、用户访谈、用户行为分析等，以深入了解目标客户的需求、情感和行为。

步骤3绘制时间轴：在纸上或电子绘图软件中绘制时间轴，在横轴上标示目标客户使用产品的全部过程，标记出不同阶段或接触点。每个阶段代表目标客户与产品、服务或品牌进行交互的不同阶段。注意务必从目标客户的角度标注这些活动，而非产品功能或接触点的视角。

步骤4填充信息：在纵轴上列出各种问题，包括客户的目标、工作背景以及对产品功能的评价（优劣）。同时，记录客户在使用产品或服务的整个过程中情绪的变化。在每个阶段或接触点上填充目标客户的情感、需求、行为、接触点等信息。可以运用图表、图像、文字等形式来表达这些信息。添加有关该项目的任何问题，例如，客户会接触到哪些产品接触点？客户与哪些其他人进行互动？客户会使用哪些其他相关设备？充分运用跨界整合的知识来回答每个阶段所面临的具体问题。

步骤5检视用户体验：通过观察用户旅程图，审视目标客户在整个过程中的体验和情感。

发现痛点和机遇，为优化用户体验提供指导。

步骤 6 迭代和优化：根据用户洞察和反馈，不断迭代和优化用户旅程图，确保其准确地反映目标客户的体验和需求。

通过以上步骤，设计团队可以使用用户旅程图来全面了解用户的体验过程，帮助设计师和企业更好地满足用户需求，优化产品和服务的交互体验。

（3）用户旅程图使用提示

在使用用户旅程图的过程中，有一些提示和注意事项需要遵循：

① 将产品的接触点留在最后标注：关注的重点是改进客户体验，因此在绘制用户旅程图时，应将产品的接触点放在最后标注。这样能够更好地理解客户想要使用什么，而不是仅仅关注客户需要使用什么。

② 灵活地运用纵坐标：每个项目的纵坐标可能有所区别。在绘制用户旅程图时，要灵活运用纵坐标，以适应不同项目的特点和需求。

③ 使用不同的视觉表达形式：用户旅程图可以采用不同的视觉表达形式，例如循环过程、交叉旅程以及比喻手法，将旅程可视化，以更好地展现复杂的用户体验过程。

④ 客户参与：鼓励客户自行定义产品或服务使用的各个阶段，并评价使用的体验和感受，从而帮助客户参与绘制用户旅程图。需要注意，不仅关注客户情感体验层面，还要综合考虑其他方面的结果。

⑤ 结合定性和定量研究数据：在绘制用户旅程图时，结合定性研究数据和定量研究数据，以全面了解用户体验和需求。

⑥ 记录发现：在讨论过程中，要确保记录所有发现，并在旁边标记与客户对话的时间，以便后续参考和分析。

⑦ 及时更新：如果有新的发现，不要害怕改变现有的图表，及时更新用户旅程图，以反映最新的认识和发现。

⑧ 展示视觉元素和研究数据：在用户旅程图中，尽可能多地展示视觉元素和研究数据，以使图表更加直观和具有说服力。

⑨ 合理使用用户旅程图：在设计过程的不同阶段，合理使用用户旅程图，以辅助设计和决策，并优化产品和服务的交互体验。

⑩ 与利益相关者合作：在绘制用户旅程图时，与项目中的不同利益相关者协同创作，为将来改进留出一定的空间和灵活性[2]。

5.7 情绪板

5.7.1 情绪板工具概述

情绪板（Mood Board）是一种通过语义联想将模糊的情感词汇与图像相联系，并从图像中提取设计元素进行设计的过程[18]。这种设计工具是设计师将色彩、文字、图片、影像和数字资源等收集到的元素，经过精心排版整合到一起的一种版面。情绪板的制作媒介灵活多样，既可以是纸质媒介，也可以是数字或其他方式创建的媒体。其表现形式不受限制，一方面用来启发设计师的思路获得设计上的灵感，并作为设计方向与形式的参考；另一方面，用来表达设计师的设计意图，检验作品的色彩、样式，并作为说服他人的理由[19]。

　　情绪板在设计的整个过程中具有重要意义，有助于理解主题任务，提供了个性化的视觉表现，表达了设计者自己的观点，并为后期设计提供了视觉风格的参考[20]。其有效运用可以促使设计师从人类认知和情感层次上寻找目标人群的潜在感性需求，摆脱仅凭直觉理解和设计的方式[19]。

　　此外，情绪板的形成基于资源储备，而资源储备则依托于产品研究和用户研究，形成了一个相互支持的关系。在实践中，情绪板作为可视化沟通的工具，与头脑风暴等沟通工具和访谈一样，在整个研究过程中随时可用（图5-29）。情绪板所表达的结构是产品研究思路下相对可固化的基础结构，但在研究项目中需要根据实际情况适度调整和增减[21]。因此，情绪板在设计领域的应用既为设计过程提供了具体的方法论支持，也为团队协同工作提供了有力的视觉工具。

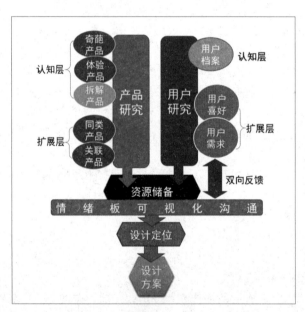

图5-29　情绪板可视化工具形成结构图
（图片来源：徐清涛.基于单个典型用户的设计定位可视化研究方法——以产品设计课程为例［J］.
设计，2019，32（09）：110-112.）

5.7.2　利用情绪板激发设计灵感

　　情绪板的应用领域十分广泛，涵盖了界面设计、网页设计、品牌设计、行销沟通、电影制作、脚本设计、电玩游戏制作、绘图、室内设计等多个领域。在前期设计表达过程中，情绪板作为不可或缺的工具之一，设计师们常常在设计初期创建情绪板，以激发设计灵感并探索产品概念[19]。通过精心策划和展示关键词、颜色、图像和元素，情绪板为设计团队提供了一个共同的视觉语言，有助于沟通和理解设计方向。

在用户研究中，情绪板发挥着重要的应用价值。它能够直观地传达设计的情感和氛围，引导设计团队深入理解用户的情感需求。作为创意的起点，情绪板也有助于激发设计团队的灵感，帮助他们更好地理解用户的审美偏好，确保设计更符合用户期望。同时，情绪板提供了一个共享和讨论设计愿景的平台，有助于设计团队形成一致的理解，推动设计过程的顺利进行。综合而言，情绪板在用户研究中的应用为设计团队提供了一个直观、共享和沟通的平台，从而使设计更加贴近用户期望和情感需求。

5.7.3　情绪板创建过程与设计示例

在使用情绪板时，应先确定核心板块的内容，然后围绕核心板块进行扩展、完善和丰富。情绪板在设计项目前期发挥着重要作用，并与剪贴画等其他工具有所区别，因为它的应用更为广泛且更具专业性。创建情绪板的过程包括以下几个步骤。

步骤1明确设计目标：在开始创建情绪板之前，必须明确设计目标和所要表达的情感、氛围或风格。这包括确定情绪板的主题和定位，以确保其准确传达所期望的感受。明确感觉关键词，确定产品想要传达的感觉关键词，以便进行视觉表现。

情绪板的核心概念是通过关键词来传达一种特定的情感或主题，从而影响产品或设计的方向。以"物深邃"情绪板为例，该情绪板的目标是通过图像和色彩的搭配来呈现"精深、暗酷、探索"的感觉（图5-30）。如果我们要设计一款"物深邃"风格的产品，就需要在设计中找到与情绪板相符的感觉和元素，确保设计始终贯穿主题。

图5-30　"物深邃"情绪板（图片来源：《千禧一代的CMF趋势研究》项目）

在设计情绪板时，关键词的充分体现至关重要，它们应贯穿整个设计过程。以"清琉璃"为例，主题围绕关键词"晶莹、雅致、通透"展开，旨在传达一种轻奢的时尚感、简约的品质性，在剔透雅致中蕴藏奇幻的设计理念（图5-31）。

图5-31 "清琉璃"情绪板（图片来源：《千禧一代的 CMF 趋势研究》项目）

设计概念阐述方面，该主题强调了现代消费观中简约轻奢的观念，通过素雅但晶莹流光的趋势色，彰显对简约品质生活的追求。设计通过强化淡雅色系的光泽处理，并以局部加强的方式凸显奢华与品质，以体现和谐中的异化。

在图像选择方面，根据关键词内涵，选择清透、浅色系或蓝绿色系的图像，呈现轻松、精致的生活品质。在造型方面，选用圆润、富有精致肌理的元素，更好地呼应关键词所传达的感觉。

在 CMF（颜色、材质、表面处理）表达原则方面，注重材质表面的立体雅致表达，采用如钻石切割纹理的技术。对塑料材质表面进行流光处理，如光学镀膜、二次镭雕等，以及透明材料的通透性与层次感的处理是关键。通过强调主体材质与局部材质的强烈对比，使局部材料呈现高端化、高品质处理。最后，配合点状或线状装饰光源，为整体设计增添亮点，这些设计原则协同营造出清透、简约而又富有品质感的氛围，符合"清琉璃"主题所要表达的情感。

步骤 2 收集素材：收集与设计目标相关的图像、照片、色彩样本、文字等素材，包括具象图库（实物、场景）和抽象图库（色彩、质感等），定位视觉风格。这些素材应能够充分表达所需的情感和氛围，以满足情绪板的视觉表现需求。

根据特定关键词搜集视觉素材时，需要对视觉风格进行准确定位。风格的感知涉及大量具体的实物、场景，而抽象方面则关注色彩和质感。因此，在搜集素材时可从抽象和具象两大图片类别中挑选适合表达关键词的素材。这些素材既可以与风格相关，也可以包含与设计创新相关的元素。为了搜集素材，需从风格和设计的角度出发，将抽象化和具象化的元素纳入考虑。所有抽象的内容都体现了一种设计方式，而所有具象的内容则代表实际的方式。在实物中提炼抽象图形时，可以寻找实物型图片，也可以寻找设计创意类图片进行表达。

在创建情绪板时，可从国内外网站搜集大量参考资料和素材。最关键的是遵循以下三个步骤：第一，提炼与产品相关的关键词；第二，根据关键词寻找适合的视觉素材；第三，将这些视觉素材整合到一个和谐、统一的情绪板中，呈现出独特的整体感受。

情绪板主要目的是反映品牌形象并营造产品使用氛围。为此，应收录许多具有场景性的图像、活动场景，同时展现产品的色彩感和相关信息。例如，在传达夏日啤酒体验的情绪板中，户外、炎热和啤酒等元素应得到充分体现（图5-32）。

图5-32　夏日啤酒体验情绪板示例

步骤3排列布局：在创建情绪板时，需对素材进行排列布局，以形成整体的视觉效果。情绪板可以采用纸张或电子软件进行设计，以呈现素材之间的和谐统一，从而形成整体的视觉感受。在此过程中，需要选择适合的情绪板呈现方式，如实体或数码、拼贴或精致模板等多种形式，以确保视觉素材与设计主题相契合并形成整体表现。

情绪板的排列布局至关重要，它决定了情绪板是否能够成功传达设计目标和风格。通过恰当选择情绪板的呈现方式以及进行细致的排列布局，设计者能够有效地表达其设计理念，并为观众带来一种视觉上的愉悦感受和体验。在设计过程中，应充分考虑设计主题，精心选择素材，确保情绪板在传递情感和氛围方面发挥最大的效果，进而提升设计的吸引力和实用性。

步骤4添加说明（按需选择）：根据需要，在情绪板上添加文字或说明，进一步阐释设计的情感和目标，以确保观众对设计概念的理解与设计者的意图相符。

步骤 5 沟通和讨论：与设计团队或客户共享情绪板，并进行沟通和讨论，以确保团队对设计目标和风格有共识，并获得反馈和意见以进一步优化情绪板。

步骤 6 迭代和优化：在完成情绪板后，可以邀请对课题不了解的同学或老师进行实验，了解他们对情绪板的感受是否与提炼的关键词一致，从而验证所选视觉素材。根据反馈和意见，对情绪板进行迭代和优化，以确保它能准确传达设计的情感和氛围，并最终形成更成熟和精确的情绪板。

情绪板的最终目的是帮助人们准确理解产品主体，使更多人能理解和接受创新设计。情绪板使产品可以获得良好的传播效果。情绪板的打磨过程需要持续进行，最终，一个统一且丰富的情绪板将呈现出来，围绕几个关键词展开。实现这一目标是具有挑战性的，通常需要多次修改才能生成一个相对成熟的情绪板。在提取关键词后，寻找视觉元素并统一视觉感受，进而选择合适的图片，这样的情绪板将更成熟。

通过以上步骤，情绪板可以帮助设计师和团队更好地理解设计目标和风格，深入理解设计概念，并在整个设计过程中提供有力的视觉指导。情绪板作为一种直观的可视化工具，为设计团队和利益相关者提供了更直接、感性的理解方式，促进设计的有效传播和实现。在创建情绪板的过程中，关键在于准确把握设计目标和感受关键词，寻找合适的视觉素材，并通过整合和优化展现出统一且丰富的情绪板，使其具有较高的实用价值和艺术价值。

本章参考文献

[1] 凯茜·巴克斯特，凯瑟琳·卡里奇，凯莉·凯恩.用户至上：用户研究方法与实践 [M].王兰，等译.2 版.北京：机械工业出版社，2017.

[2] 代尔夫特理工大学工业设计工程学院.设计方法与策略：代尔夫特设计指南 [M].倪裕伟，译.武汉：华中科技大学出版社，2014.

[3] 阿兰·库珀.交互设计之路：让高科技产品回归人性 [M].北京：电子工业出版社，2006：10.

[4] 代福平，辛向阳，张慧敏.用户动态画像：描述用户就是创造用户 [J].装饰，2018 (3)：94-96.

[5] 张慧敏，辛向阳.构建动态用户画像的四个维度 [J].工业设计，2018 (4)：59-61.

[6] 张慧敏.基于生活方式转型的动态用户画像研究 [D].无锡：江南大学，2019.

[7] 阿兰·库珀.软件观念革命：交互设计精髓 [M].詹剑锋，张知非，等译.北京：电子工业出版社，2005：73.

[8] Travis D.E-commerce usability：tools and techniques to perfect the on-line experience [M].Calabasas：CRC Press，2002.

[9] Lafouge T，Lardy J P，Abdallah N B.Improving information retrieval by combining user profile and document segmentation [J].Information Processing Management An International Journal，1996 (3)：305-315.

[10] Guimaraes P T.Perfil de usuários de biblioteca governamental：o caso do ministérioda saúde [J].Perspectivas Em Ciência Da Information，2007 (3)：96-115.

[11] 曾建勋.精准服务需要用户画像 [J].数字图书馆论坛，2017 (12)：1.

[12] 李映坤.大数据背景下用户画像的统计方法实践研究 [D].北京：首都经济贸易大学，2016.

[13] 刘海鸥，孙晶晶，苏妍嫄，等.基于用户画像的旅游情境化推荐服务研究 [J].情报理论与实践，2018，41 (10)：87-92.

[14]　马安华 . 基于用户行为分析的精确营销系统设计与实现 [D]. 南京：南京邮电大学，2013.

[15]　高玉龙 . 基于文本挖掘的用户画像研究 [D]. 汕头：汕头大学，2014.

[16]　粟志敏 . 从 "接触点" 到 "客户旅程" ——如何从顾客的角度看世界 [J]. 上海质量，2016（12）：41-45.

[17]　丁熊，周文杰，刘珊 . 服务设计中旅程可视化工具的辨析与研究 [J]. 装饰，2021（3）：80-83.

[18]　杨程，杨洋 . 面向用户情感的情绪板界面设计方法改进 [J]. 包装工程，2019，40（12）：157-161.

[19]　郑秋荣，李世国 . 情绪板在交互设计中的应用研究 [J]. 包装工程，2009，30（11）：126-129.

[20]　伍玉宙 . 产品开发设计课程中的情境体验导入 [J]. 装饰，2016（11）：138-139.

[21]　徐清涛 . 基于单个典型用户的设计定位可视化研究方法——以产品设计课程为例 [J]. 设计，2019，32（9）：110-112.

第
6
章

产品定义

在设计过程的模糊前期，设计团队及其合作伙伴保持广泛视角、运用多种方法进行用户研究，对相关资料进行收集与整理、分析与探索，并锚定真正的问题和有吸引力的创新想法后，需要进一步发展为满足用户需求并有助于实现企业目标的产品定义。产品定义是在前期研究之后、产品开发之前的阶段性工作，涉及对企业战略、用户需求、竞品市场、技术机会、政策法规环境等的评估，作为前端用户研究和概念创意的结果，在很大程度上影响着后端的新产品开发进程（图6-1）。

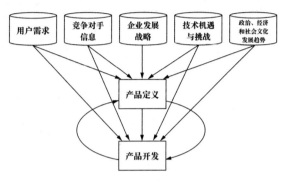

图6-1　产品定义与产品开发关系图

产品定义阶段的关键活动是对前期用户研究确定的问题或创新方向的组合构想进行分析，并将其综合成一份简报，其中包含与创新产品或服务开发相关的可操作任务，提供以设计为导向的产品或服务解决方案的完整计划。重视设计过程中的产品定义阶段，将推动设计和设计过程的整体成功。

6.1　产品定义概述

6.1.1　产品定义的含义

产品定义是用有意义的术语表达设计创新想法的文本，旨在构建一个产品概念体系和特有的设计方案，可以被视为一种明确产品设计特性和创新支持过程的工作模式，有助于确保团队在产品开发过程中保持一致性，并向所有相关方传达明确的信息。

"产品定义指导设计和开发团队了解产品特征、功能和市场，通常以优先级标准决策列表（priority criteria decision）的形式来确立优先级，用于设计和开发中的权衡决策。产品定义活动的输出通常是一系列描述性参数，包括目标市场细分和相应渠道，产品定价、功能和特性，产品依赖的技术，以及完成产品开发所需的资源分配。"[1] 从这个描述产品定义的概念中我们看到，产品定义是产品开发过程的关键一步，它帮助团队明确产品的特性、功能、目标、规范和技术要求，评估开发工作量，以便有条不紊地进行设计、制造和资源配置，最终实现商业成功。

（1）产品定义的核心是产品概念

产品概念，是在产品开发早期阶段生成的有关产品或服务的概念声明，"是一个可能和可行的问题解决方案的心理图景"[2]。从创新的角度来看，构建产品概念，是一个识别隐藏在假设或预估的潜在需求中的"意义"的创新问题，所以新概念的提出是一种创新范式。例如苹果推出 iPod 时，同时期市场上已经有许多 MP3 竞品，它没有延续原有的 MP3 概念，没有选择"做更好的 MP3"的开发立场，而是重新定义了产品，提出了"为人们听音乐、体验音乐增添乐趣，创建一个系统来支持整个音乐体验"的系统化创新概念。以产品概念为导向的产品创新战略在激发市场需求和推动技术创新方面常常发挥重要作用。

产品概念表达了新产品理念，及其主要功能和面向的用户需求。"产品概念通常以多种不同的方式表达，既从情感上表达消费者的生活方式价值，又从逻辑上表达有助于实现这些价值的产品功能。"[3] 它为产品定义提供了产品构想和创新方向，提出了产品的愿景和路线图。

产品概念包含了需要转化为技术要求的有关性能期待的隐含信息。如果现有技术（或者通过对现有技术进行新的组合或融合）能够满足这些要求，那么这一产品概念将有可能实现；但如果现有技术无法回答这个产品概念的某个方面，那么就会提出研发新技术或寻求技术新突破的必要性。

产品定义是在产品概念基础上进行深化和具体化的过程，是将产品概念转化为明确的性能信息和技术要求传达给团队和合作伙伴的具体工具，以确保各方对产品开发的愿景和要求形成共识。

如微信的产品定义描述如下：

微信（WeChat）是腾讯公司推出的一个为智能终端提供即时通信服务的免费应用程序，支持跨通信运营商、跨操作系统平台通过网络快速发送免费（需消耗少量网络流量）语音短信、视频、图片和文字，同时，也可以使用共享流媒体内容的资料和基于位置的社交插件"摇一摇""漂流瓶""朋友圈""公众平台""语音记事本"等服务插件。

在这个产品定义中，核心概念是"提供即时通信服务的应用程序"，围绕这一产品概念，定义中具体描述了跨通信运营商和跨操作系统平台的互通性，语音、视频、图片和文字等信息形式的多媒体性和信息发送的快速性，共享流媒体内容和社交插件的互动性，免费使用的自由性等产品特性，确保了对微信要成为一款在智能终端使用的综合性的社交通信应用产品的认识。

（2）产品定义具有完整性和精准性

产品定义是一个描述详细的指导性文本，旨在确保团队在开发过程中明确方向和目标。"除了产品概念外，产品定义还包括有关目标市场、客户需求、产品规格、产品定位和产品要求。定义明确的产品定义可以提供对几个重要问题的理解，包括开发时间、成本、技术专长、市场潜力、风险和组织适应性。"[4] 也就是说，产品定义不仅要体现市场机会和技术条件的结合，而且要体现产品性能和用户需求之间的匹配，更要体现所有这些内容之间的整合度。

作为一个文本，产品定义要求进行精准的描述。产品定义倾向于依据战略目标、用户调研、趋势分析和技术可行性分析，对问题、需求和创新概念进行准确又简明扼要的描述，同时还要清晰地说明设计对于问题的细致理解和解决方案。英格瓦·坎普拉德（Ingvar

Kamprad）曾说，只有平庸的人才会提出复杂的解决方案。产品定义对设计解决方案的描述不宜长篇累牍，而是需要精准地表达创新产品或服务的核心属性及竞争优势，特别是要对设计解决方案是如何有效满足用户需求，如何高效提升用户体验进行明确表述。

6.1.2 产品定义的指导原则

产品定义阶段也被认为是一个过滤器，在这里进行审查、选择或放弃原有的想法。产品定义的创建涉及对客户和用户需求、竞争性产品、技术风险和机遇以及产品交付所处的监管环境的评估，创建一个稳健的产品定义通常需要企业或部门成员的信息和反馈，这些部门包括工程、研究、营销和制造等。产品定义不明或不正确，会导致后期新产品开发的不成功，所以产品定义的内容应该清晰、稳定和明确，并且可以进行可行性证实。为降低新产品开发失败的可能性，创建产品定义需要遵循相应的指导原则。

（1）保持与发展战略的一致性

保持产品创新战略与组织的整体发展战略之间的协调性，是产品定义的关键所在。产品定义需要利用组织的"核心竞争力"，不仅与企业自身发展战略所构成的内部环境（如产品战略、企业运营能力等）形成一致性，还要与竞争性产品、市场、技术和社会文化发展所构成的外部环境形成一致性。一方面，产品定义应该寻求与公司或业务部门的战略计划、商业模式和核心竞争力相适配；另一方面，产品定义应该在技术、成本、营销和制造等方面提供系统性满足用户需求的前瞻性解决方案。

如果产品定义出现与企业或机构现有商业模式和核心竞争力不完全一致的情况，可以根据自身发展现状和未来发展战略布局考虑是否需要一个储备过程，从而为未来储备重新配置创新能力和商业模式的可能性，以促进向未来重要领域发展。

（2）关注用户需求

关注用户与产品互动时的需求和情感是产品成功的关键因素。随着用户体验（UX）领域对用户需求的积极探索及不断实现，用户需求在以人为中心的产品和服务设计中变得越来越重要。为了避免产品开发失败，应该在形成初期设计概念或想法时就考虑用户体验。产品定义"旨在建立通用的产品平台和相应的产品体系，以及典型的设计替代方案"[5]，将特定的用户信息进行及时转化。

产品定义阶段一般只提出抽象的产品概念，因此并无法对用户体验进行真正评估，但是通过挖掘新产品的潜在用户体验，可以生成一种将概念转化为"虚拟产品体验"的新评估方法。这种新方法使用户能够在日常生活中评估潜在的可能的产品体验，从而给予一定的反馈，同时该方法还有助于识别基于用户体验的新产品属性甚至新产品创意。

（3）适度变化

一般情况下，产品定义会保持应有的稳定性。但在开发过程中，也可能会出现新的需求或发现旧的规格需要修改。产品定义应该具有一定的灵活性，能够适应变化并有效调整。

产品定义的内容通常应该与公司的商业模式及其核心能力保持一致，但核心能力和商业模式不是静态的，它们也会不断发展变化。同时，新产品定义还有可能发现当前商业模式中的能力缺陷和局限性，从而在一定程度上反映出它们的演变性质。如果发现有必要对商业模式或核心能力进行更改，产品定义也就需要依据探索的新商业模式对用户、竞品、功能、可用技术或监管标准等参数进行调整，以适应未来的发展机遇。

（4）开放创新

在当今的全球竞争中，产品定义仅仅利用企业或机构内部产生的创新想法是不够的，应该同时利用外部和内部的创新想法，即利用外部知识资源、技术机会或市场路径来推动内部发展。由于企业资源有限，引进外部资源在为内部产品提供更多价值、加快创新过程等方面起着积极作用。例如，宝洁公司将"研发"（Research & Develop）战略调整为"连接与发展"（Connect & Develop）战略，旨在通过利用全球范围内企业外部数以万计的创新想法来获利，这使该公司的研发生产力提高了约 60%，同时实现了将一半创新放在公司之外进行获取的目标 [6]。

开放创新的指导方针有助于将那些由企业或机构内部创新产生，但与内部发展战略或内部资源不一致的产品概念免于被搁置，而通过外部路径来进行开发和商业化。开放创新还有助于推动公司引进符合自身商业模式和核心能力的专门知识和技术，促使专门知识和技术的来源更为广泛和多样化。

（5）优先级排序

产品定义中的规格和要求可以根据其重要性和紧迫性进行优先级排序，以帮助团队在资源有限的情况下决定何时实现某些特性。优先级排序表达了产品定义对产品开发内容的有依据的建议，便于产品开发团队和高级管理人员就产品特性的层次结构形成共识。

从可用性角度进行优先级排序主要依据的是用户需求的迫切性和满足的必要性，可以从"影响和数字"两个关键指标 [7] 来划分高、中、低优先级。从影响层面来说，用户的某种需求一旦无法满足就导致他们操作失败，而且会对大多数用户产生影响，即使提出这个需求的用户数量不多，这个需求也应该被列为高优先级。从数字层面来看，如果提出某种特定需求的用户数量比较多，是相当多的用户关注的需求，也应该在综合评估后考虑列入高优先级。

从产品开发的现实因素（如产品战略、成本预算、可利用资源、技术风险、市场渠道、时间期限等）来指导分级决策的排序标准，依据的是产品特性的层次结构。这个优先级排序需要通过对风险评估（包括对开发项目的市场、技术、制造和设计风险等的评估）、管理层的指导、项目资源等各类情况进行权衡。

6.1.3　产品定义中的设计知识层级

在产品定义中，用户需求与产品功能、形式之间的清晰联系需要反映在相互依赖的产品结构中，这涉及一系列相关的设计知识和技能，如产品的设计属性、产品的设计规范、产品的需求分类、产品的技术描述、产品的造型模型选择等知识，以及图解、原型、语义等知识表达方式。这些设计知识在产品定义阶段起着关键作用：一是它们能够确保在产品设计和开发的后续阶段有一个清晰、可行且符合市场需求的产品概念；二是它们能够帮助团队准确地评估用户需求和功能之间的关系，以确立要开发的产品的方向和特征。因此，在产品定义阶段，运用有效的技术手段来获取设计知识尤为必要。

新加坡南洋理工大学（NTU Singapore）的陈春贤（Chun-Hsien Chen）等人提出，阶梯法（the laddering technique）作为结构化的提问方法，也成为产品概念形成过程中一种获取设计知识的技术手段，并在产品定义阶段得到了越来越广泛的应用 [5]。它能让设计师或设计领域的专家将设计目标划分为不同的类别，有助于形成从一般的产品概念到特定的产品概念的产品系列，以获得产品的扩展，从而满足不断变化的用户需求。

图 6-2[5] 是利用阶梯技术建立的一个树状结构的设计知识层级（Design Knowledge Hierarchy，DKH），自上而下包含四级知识架构，以顶部的产品概念为核心，向下扩展到各类设计规范，从而可以总览式地表达产品概念的不同分类结构，以及各种设计规范之间的内在交互关系。在此图中，$P_{1,1}$ 指代产品概念，C 指代产品系列，C^q 指代产品系列的设计替代方案，q 指代设计替代方案的序列号，K、J、I 分别指代层级 2、层级 3 和层级 4 的顺序节点编号（sequential node number）。"在这个多层级分类法中，从第一层级的产品概念中提取的每个设计规范都可以分解为几个子规范，每个子规范又都包含几个备选值，备选值之间的不同组合可形成特定的设计备选方案。" [5] 由于不同的设计师或设计领域的专家所拥有的设计知识有所不同，他们对设计备选方案的选择可能会有所不同。

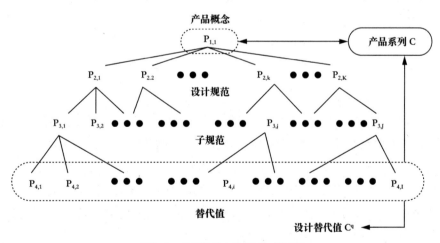

图6-2　产品定义中的设计知识层级

6.2　产品定义的内容板块

产品定义作为产品规划阶段完成的一个战略性文本，关注产品的创新概念和价值定位，强调对产品的总体理解，旨在明确定义产品的整体范围、目标和愿景，一般包括对目标市场、关键业务价值、竞争分析、核心功能和关键特性的描述。产品定义的内容应该反映出对产品定位、产品在整体商业战略中的作用以及优先级排序的共识，也应该建立起用户需求与产品功能、形式之间的清晰联系。

运用 3W（Why，What，How）方法可以将产品定义的内容划分为三个板块。

6.2.1　Why 板块：阐明开发原因

产品定义要从战略层面来阐述产品或服务的开发原因，从而为后续的产品开发确定方向。关于为什么要进行产品或服务开发，产品定义可以从两个方面来进行阐述：一方面是从产品目标角度来阐明企业希望通过这个产品或服务实现什么，另一方面是从用户需求角度来阐明用户可以通过这个产品或服务得到什么。

（1）产品目标的实现点

产品目标是产品在特定时间范围内所能实现的预期结果，反映了企业对产品的定位，也体现了产品所要实现的价值。这些目标通常与产品的发展、销售、市场份额、用户满意度等方面相关，它的设定是制定和执行产品开发战略的关键一步。

产品定义是依据政治、经济、社会文化和技术的发展趋势，并在某种程度上利用其所在公司或机构的核心竞争力，以及来自内部资源或核心供应商的关键技术，来为创新产品或服务确立发展目标和价值主张的。例如，腾讯公司于 2010 年 10 月筹划推出微信时，正值腾讯公司提出顺应无线互联网浪潮，要将 QQ 在 PC 上的用户优势，保持到以智能手机为主的移动终端上的战略调整。依据腾讯公司这一新的发展战略，产品定义中明确阐明了微信的产品目标是"建立腾讯在以智能手机为主的移动终端上的用户优势，实现腾讯保持即时通信市场上第一的战略目标"。

（2）用户需求的契合点

用户需求是进行产品开发的另一个重要原因，它被视作"产品定义的质量功能部署（QFD）矩阵中的要素"[5]。产品定义中要明确新产品在满足用户需求、形成积极影响方面的价值。

为使创新产品对用户更具吸引力，产品定义中需要明确创新产品或服务区别于市场中其他竞争对手的定位，包括明确目标市场、竞争优势和差异化特点等，以满足特定目标用户的需求，使用户在心目中将其与竞品形成区分，建立记忆点。

例如，三星首款折叠屏手机因洞察了人们对便携性的需求和对可折叠技术的兴趣，以更具未来感的视觉感官吸引了大量用户的关注，一度成为超越 iPhone 的划时代产物。安德玛（Under Armour）为跑步者设计的 HOVR Infinite 跑鞋，以集缓冲、响应能力和能量回馈于一体的产品概念满足了用户希望每一步都变得毫不费力的期待，产品发布几周后就获得了 2019 年跑步者世界推荐奖。微信对用户需求的关注点在产品定义中描述为"以随时随地跨平台免费立体化交流的 APP，让用户更加从容地按自己的意愿管理社交关系和人际沟通"，开创了社交互动新方式。

6.2.2　What 板块：描述典型用户和产品特性

产品定义通常使用简明扼要、精心制作的文档来描述目标用户和产品的功能、特性、范围、规范等关键内容，从而使相关人员清楚地了解为哪些用户建设什么，并且清楚地知道不需要建设什么。

（1）定位目标用户

用户类型是多样的，不同类型的用户具有不同的特性和需求，从而形成不同的典型形象。产品定义的基础工作包括确定创新产品或服务的目标用户，准确定位人群或细分市场，然后利用这些洞察力，以用户需求为中心定义出清晰的问题陈述。如上海五公里智能科技有限公司旗下的原创单车品牌 WKUP，在定义城市休闲公路单车 Hybrid 系列的目标用户在新时代对骑行的全新需求时，描述如下：

他们喜爱运动，希望能在周末去山林或湖边大汗淋漓地骑行一把；他们也爱日常的自在，希望帅气又体面地在上下班路上迎风穿行；他们所求的是不失精致的简单，蕴含品位的朴实。

对目标用户进行描述，既包括用户的年龄、性别、地理位置、职业、收入水平等人口统计特征，也包括他们的兴趣、偏好、行为习惯等心理统计特征，而对这些特征的提取一般会与产品的属性相关联。例如，谷歌（Gmail）、雅虎（Yahoo Mail）、美国在线（Aol Mail）三个邮箱对目标用户的特征进行描述时，人口统计特征主要从年龄、性别、邮箱使用年限等方面来表达。其中用户的年龄与三个邮箱的面世时间有关：Aol 邮箱出现比较早，它的目标用户的年龄也普遍偏大，而 Gmail 邮箱在三个邮箱中上市最晚，相应地，它的目标用户也最年轻。与此同时，这三个邮箱的目标用户的心理统计特征描述关注了用户"是不是新技术的最早使用者"，这与邮箱在当时是作为互联网新技术产品的特性有关（图 6-3）。邮箱出现后也呈现出钟形生命周期曲线图，即经历了早期只被极少数新技术产品的尝试者使用，到被人数众多

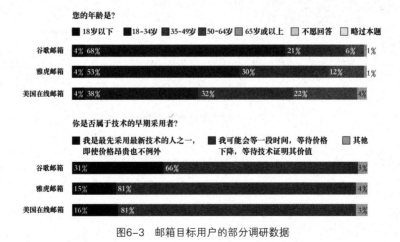

图6-3　邮箱目标用户的部分调研数据

的主流市场接受，最终到达持新技术怀疑论的消费者的发展历程。所以"新技术的最早使用者"的这一用户特性能极好地反映人们使用邮箱的接受心理和使用习惯。

运用文字来描述目标用户的特性时，力求准确而详细。如下文中对雅虎邮箱用户的描述除年龄、体态、学历、婚姻状况、居住及旅游经历等情况之外，还清晰概括了用户的家庭观、宗教信仰、政治立场、饮食偏好、工作习惯等特征，以及一些居家休闲娱乐的方式。针对邮箱在当时是通过电脑来使用的，对用户拥有的电脑类别也进行了说明。

雅虎邮箱用户最可能是18~49岁体态发福的妇女。她们拥有高中文凭，内心灵动，但不信宗教。政治中立，与固定异性保持关系1~5年，已生育。多住在郊区或农村地区，从未有过出国旅行。家庭在她们心中占据首要地位。她们多数读杂志，听收音机和CD，用1~2个DVR录电视节目看，居家时常穿睡衣。她们当中拥有笔记本电脑和台式电脑的人数相当。她们性格外向，喜欢甜食，喜欢在团队里工作，心情视情况而定，时而乐观时而悲观。

除运用文字对目标用户进行描述之外，还可以为目标用户创建具体的用户角色或者人物化的用户形象，以清晰表达目标用户的典型特征、需求、目标、挑战等信息，并突出体现特定目标用户的关键任务。此外，同理心地图上还可以绘制用户的想法和问题，使用户需求可视化。如谷歌、雅虎、美国在线三个邮箱的目标用户画像具体而生动，在用户的居家场景中，通过坐在电脑前的人物形象勾勒了在年龄、体态、性别、着装风格等方面的特征，形成了较强的识别性和记忆点（图6-4）。

图6-4 谷歌邮箱的用户画像

（2）突出产品特性

产品定义的核心是提炼产品赢得用户与市场的差异化优势与核心卖点，以及能为用户提供的独特价值。为描述清楚促使某一产品有别于市场上其他产品的独特卖点，在产品定义中突出产品的特色至关重要。例如"一款拥有最先进的降噪技术和身临其境的音质的耳机，为音乐发烧友和专业人士重新定义了音频体验"，"面向智能手机用户，支持 Android 和 iOS 等移动操作系统的即时通信软件"等的描述都清晰地表达了产品的某个特色。

围绕产品目标、典型用户和产品特性，产品定义的内容一般包括功能、使用历程、外观、定价和规格几个方面（图6-5）。

功能决定了用户有关某类产品可用性的需求点和行为层的满足点，提供了产品价值，是产品的核心要素。产品测评在抖音或小红书等社交媒体上的热度也充分证明了用户对产品功能的关注程度。对产品功能的定义要有优先级，功能优先级既是开发过程中的取舍标准，也是开发投入的评估维度，它可以使产品定义在容纳并描述不同的功能时体现清晰的秩序感。按照优先级，功能可以依次划分为"必须有""重要"或"希望拥有"等不同层级，建立了高标准的被列为"必须有"的产品功能可以直接反映产品的核心价值。

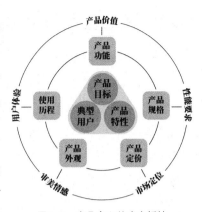

图6-5　产品定义的内容板块

使用历程是指用户在使用产品或服务时所经历的整个过程，它与产品的易用性和用户的情感体验密切相关。使用历程旨在描述如何让用户容易理解、正确使用、轻松操作并获得愉悦感的产品特性，它反映了产品与用户之间的互动关系，并对如何让产品提供更好的用户体验形成指导。近年来，场景描述也成为产品使用历程中的一个内容。用户使用场景描述的是目标用户使用产品的特定时空和文化情境，对它的描述可以使项目组成员对产品功能的用途形成更直观的认识。

产品规格是关于产品尺寸、重量、容量、材料、制作标准、速度、精度、效率、可靠性、环境友好性等性能标准和其他相关特性的详细说明。通过明确定义产品规格，制造团队能够更好地理解产品的设计目标和性能要求，从而采取适当的措施来确保产品达到或超越这些要求，以实现用户对产品的预期效果。因此，产品规格在决定产品性能方面起着关键作用。如电动汽车降低碰撞的概率和减轻驾驶员压力的效用，智能手表通过健康追踪对任何活动中燃烧的热量的计量精度，移动 PC 机的超薄轻便，山地自行车碳纤维车架的耐用性和耐腐蚀性，都体现了它们在产品规格方面的特性。

外观是形成用户审美体验和情感体验的核心要素。外观描述涉及产品的外形、结构、色彩与整体设计风格等内容，强调的是产品在外部视觉上的特征，对形成产品的视觉吸引力极为重要。除美观性之外，产品外观还涉及与功能、人体工学和品牌形象的适配与一致性问题，并有可能也成为产品的差异化竞争因素之一。

价格是一个强大的市场定位工具。产品定价是指在产品定义中为创新产品或服务设定一个合理、竞争力强的价格的过程，它是实现企业盈利目标的关键，也是进行市场竞争的一项策略。定价过程涉及确定产品或服务售价的各种因素，如成本、市场需求、竞争、定位、品牌效应、市场环境等。价格是用户最大的交易成本，也是用户愿意交易的关键指数。清晰的价格定位能帮助思考形成产品解决方案最优解的相关维度，因而在产品定义过程中具有非常重要的价值和意义。

6.2.3 How 板块：阐述如何开发

（1）确定需求优先级

进行产品定义的时候，首先要确定需求的优先级。在前期用户调研过程中可以发现，用户对产品的需求具有模糊性、歧义性和不精确性。为更好地进行产品定义，可以采用定性分析或定量分析方法，特别是定性、定量两者结合的混合方法，将用户对产品的需求组织为一个多层结构，即一组多维或多类别的层次结构，以对当前和潜在的产品需求形成清晰的洞察和精准的陈述。"多层次的用户需求要求设计根据用户的任务目标系统地考虑各个层次需求对整体设计的优先权，同时应考虑如何采用有效的人机交互模型将多层次的用户需求体现在设计中。"[8]

Hauge 和 Stauffer（1993）开发了产品需求分类法，作为用于构建专家系统的问卷的初始概念图结构。曾和焦（1997）提出了一个产品家族体系结构（PFA），其中包含了一个企业可以从基本产品设计中获得的各种产品变体或扩展，以满足用户的一系列需求。一个精心设计的 PFA 为产品系列提供了一个通用架构，该架构包括一个基本产品，即产品系列中一个经过证实的核心，以及用 PFA 定制基本产品的构建模块[5]。

基于用户需求来识别产品功能的优先级顺序和相互依赖性是有效的。设计师要准确地评估用户需求和功能之间的关系，以便对功能进行适当的加权。通常情况下，可以按 1（可选的）到 5（必须拥有）的等级排序，将用户需求与功能相关联，发现重要的相互依赖的功能，组建产品功能矩阵。"相互依赖的功能是指在一系列产品中，以群体形式出现并对用户需求产生重大影响的功能。"[9] 识别产品组合中重要的相互依赖的功能可以找到产品架构、模块化设计、大规模定制和产品规划的途径。产品定义在平衡用户需求与产品功能的技术可行性之间起着关键作用。

（2）创新用户任务

用户任务是用户使用产品时为达到目标需要做的任务，这是产品创新过程中最重要的部分，也是设计师的创造力被激发的内容点之一。

用户任务可以是针对一个已有问题提出的新方法。如曾获美国市场占有率第一的数字录像设备 TiVo 开发时针对的就是电视节目录制的老问题，但它提出了用户可以通过"搜索"来按照自己的兴趣选择录制喜爱的节目，同时可以轻松跳过电视台广告的全新任务，让用户更加容易地实现了他们的目标并且建立了电子设备的一个全新类别。

用户任务也可以是通过应用新技术而带来的新方法。如智能音箱因集成了语音识别、互联网连接和智能控制等技术，为用户提供了利用语音交互方式来获取信息和控制智能家居的任务类型，使用户获得了全新的产品体验。

用户任务还可以是基于对原有产品的新见解而提出的新方法。如水杯 Stanley Quencher 在设计了方便用户开车期间随时补水的任务之外，又将自身从一个实用产品转换为一种流行时尚配饰产品，结合色彩流行趋势进行了多彩迭代，并入驻 TikTok 等社交媒体，激发用户在平台上开展分享开箱视频、炫耀不同颜色的 Quencher 水杯、制作利用 Quencher 水杯创造的有趣视频等任务，提升了水杯的社交分享体验。

（3）规划用户体验要素

产品定义中确立用户体验要素有利于确保"用户在你的产品上的所有体验不会发生在你'明确的、有意识的意图'之外，这就是说，要考虑到用户有可能采取的每一个行动的每一种可能性，并且去理解在这个过程的每个步骤中用户的期望值"[10]。鉴于互联网产品或软硬件结合的产品广泛兴起，已成为各种品类创新产品的发展趋势，美国用户体验咨询公司 Adaptive Path 的创始人之一、被称为"AJAX（异步 Java Script 和 XML）之父"的杰西·詹姆斯·加勒特（Jesse James Garrett）针对功能型平台类产品和信息型媒介类产品提出的五要素用户体验框架，可作为确立用户体验要素的一个有用工具。

杰西·詹姆斯·加勒特提出的用户体验要素框架主要用于描述用户体验的各个层面和不同组成部分，自下而上共分为五层，分别是战略层（strategy）、范围层（scope）、结构层（structure）、框架层（skeleton）和表现层（surface）。如图 6-6 所示[11]，每一个层级的决定都会影响到它上一层级的可用选择，上下层之间要始终保持一致性，因此每一层的确立工作都要依据下一层工作的完成进度来决定何时启动。

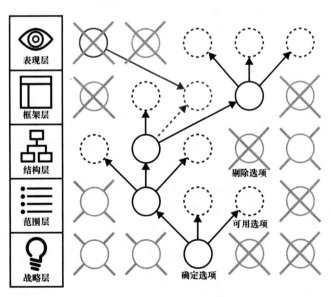

图6-6　用户体验要素关系图

在产品定义中运用这个框架时，不同层级的用户体验要素会形成不同的定义内容，可以帮助全面理解用户体验的各个方面，并确保在设计和实施阶段都能提供综合而协调的用户体验。

① 战略层的用户需求。战略层关注的是用户需求和与之相对应的产品目标。从战略层的角度来看，产品定义需要对产品的战略目标进行定义，包括商业目标、用户目标、品牌定位等；然后依据用户的需求、期望和行为，来制定符合战略目标的用户体验策略；为确保用户体验与战略目标相一致，还要明确产品能够满足的业务需求。

② 范围层的用户故事。范围层关注的是如何把用户需求落实到具体的产品内容和功能上。从范围层的角度来看，产品定义需要确定满足用户需求的产品的功能范围，明确产品的功能规格或信息内容，然后使用用户故事描述的方式来阐明用户在不同情境下的使用过程和使用体验，以帮助确定产品的范围和功能。

③ 结构层的用户行为。结构层关注的是如何为满足用户需求的产品内容和功能创建层级结构、建立使用流程。从结构层的角度来看，产品定义需要确定引导用户行为的清晰的信息架构和交互逻辑，呈现使用户能够轻松获取所需信息、流畅使用产品的"行为模式"和"操作顺序"，并定义用户与产品之间的交互方式。

④ 框架层的用户认知。框架层关注的是如何依据产品的概念结构来确立设计形式。从框架层的角度来看，产品定义需要描述各个设计元素的特性及其相互关系，确定产品的视觉风格，以使用户形成对产品认知的一致性体验。此外，产品定义中还可描述用户与产品交互时的反馈机制，以确保用户对其操作结果能够清晰地理解与认知。

⑤ 表现层的用户感知。表现层是首先让用户感知到的设计内容，包含了用户可能接触到视觉、听觉、触觉、嗅觉和味觉的所有感官体验。从表现层的角度来看，产品定义需要描述如何创建在视觉上吸引用户的设计细节，如何确保产品在不同的使用场景下都能提供一致且良好的用户体验，又如何通过特定的设计效果增强用户感知。

（4）编制设计任务书

设计任务书是确定设计方案的基本文件，也是设计工作的指令性文件，它旨在确保设计团队和相关利益方对产品或服务创新的目标、需求和期望有共同的理解。

编制设计任务书可以包括以下内容：

① 界定设计任务的范围，明确设计任务的具体要求和期望，说明设计任务如何与产品或服务创新目标之间相关联。

② 明确新产品的用途与使用范围，以及新产品的基本结构、技术性能和技术参数，包括硬件规格和软件要求，阐明新产品的设计理由及依据。

③ 提供国内外同类产品的市场竞争力等经济指标的比较与分析资料，提供产品创新的可行性分析，确定设计原则和最佳设计方案的评定标准，并以此作为后续阶段的设计依据。

6.3 产品属性

定义的创新产品所具有的特性以及满足用户需求的价值点，通常可以通过产品属性进行描述。产品属性是指产品本身固有的性质，是产品在不同领域差异性（不同于其他产品的性质）的集合。

产品属性涉及创新产品如何定位，自己与竞争对手如何形成区分，并如何创造独特优势的内容传达。由于产品属性捕捉了产品的核心属性、独特功能以及带给受众的价值，因此可以被看作是一种有关产品关键内容的简明扼要、精心制作的叙述，指导着产品的开发和营销策略。

在产品定义中，确立并制作引人注目的产品属性描述非常有意义。产品属性中有关产品特征或特性的描述，是实现用户特定需求的必需成分。产品属性与用户需求之间的有机连接，不仅可以帮助用户理解产品是什么以及它可以做什么，还可以以一种有意义的方式提升用户的产品认知。与此同时，在前期用户研究阶段，通过瞄准特定的细分市场，还可以利用产品属性来了解用户偏好并相应地调整产品特性。

6.3.1　产品属性的有形和无形

产品属性既具有有形性，也具有无形性。

产品的有形属性是产品的客观属性，是指产品具体的、可以通过人的感觉器官来感知的属性，它们是可量化和可测量的性质，如尺寸、重量、颜色、味道、材质等。

产品的无形属性是产品的主观属性，是指产品唤起情感和个人偏好的无形品质，关注的是人们对它们的主观感受或想法，如美学、品牌、声望、价值主张等。无形属性偏重产品带给用户的体验，以及产品与用户之间建立的联系。

传统的产品感知比较关注产品的有形属性，但只关注产品的有形属性已不足以满足当今快速发展的市场要求，因为用户也会受到情感、体验或可持续标签等价值感知方面产品信息的影响。产品的有形属性和无形属性共同定义一个完整的产品。

将有形属性和无形属性相结合的产品感知方式越来越成为满足用户需求、提升用户体验的影响因素，它们将共同支持产品在可触达（accessible）、可用（usable）、可靠（credible）、可学（learnable）和有吸引力（desirable）这几个维度上的品质一致性和功能整合性。"可触达"是指产品能够提供让用户便捷接触的使用通道和使用场景，"可用"是指产品具有的功能很好地契合了用户需求，"可靠"是指产品能够让用户产生可信、可靠和可依赖感，"可学"是指产品能够促使用户在产品使用过程中获得成长，"有吸引力"是指产品能够使用户引起兴趣、产生喜爱或愿意使用。产品定义要为用户提供产品属性的最佳组合。

6.3.2　产品属性的类型

要使创新产品具有吸引力，需要多个产品属性的有机结合。根据产品不同方面的特性和影响，产品属性分为不同的类型。

（1）产品的商品属性

产品的商品属性是指与同品类竞争性产品相比较，该产品所具有的独特的、有吸引力的市场定位方面的特性，旨在体现与竞争对手之间的差异化优势。其体现了相比竞争性产品能为用户提供的更高价值。

例如知名的玛格丽塔维尔冰饮混合机（Margaritaville Frozen Concoction Maker）是一种专门用于制作冰沙、冰镇果汁、鸡尾酒等饮品的小家电，它将自身定义为"派对机器"（party machines），聚焦于聚会场景，倡导用户"把派对带在身边"，随时随地饮用有度假调性的冰镇饮料，产品名称也常常与度假胜地相关联。"派对机器"这一商品属性使玛格丽塔维尔冰饮混合机具有了与聚会、度假的休闲主题相关联的产品特性，不仅满足了用户在家庭娱乐、派对和度假时方便快捷地制作冰镇饮料的需求，而且以极具吸引力的"派对"标签与市场中同类产品形成了清晰而鲜明的区别，构建了该产品的消费者心智模型。

（2）产品的物理属性

产品的物理属性是产品的物质结构、形状、质地等方面有形可见的性质，这些属性直接影响用户对产品的感知，也是产品能否在外观特性上形成独特吸引力的关键所在。

产品的物理属性中还可包含产品的美学性质，即用户通过视觉、听觉、味觉、嗅觉和触觉五种感觉获得的产品感知，包括与产品目标相一致的形态、色彩、质感等产品的视觉特性，能促进与用户互动的产品的触觉特性，使用产品时发现的声音和产生的气味的适当性，以及味觉体验的愉悦性等。

值得注意的是，产品的物理属性需要与产品的市场定位相契合，要将市场定位转换为可看、可触、可感的产品的有形特性。与此同时，产品的物理属性还应该具有个性化特征，即产品有形可见的部分既具有与竞争对手相区别的特点，又具有与同品牌其他产品之间的产品形象的关联性。在让人耳目一新或眼前一亮的同时，产生吸独特引力，并产生品牌的记忆点。

以上文提到的玛格丽塔维尔冰饮混合机中的基韦斯特系列产品（Margaritaville Key West Frozen Concoction Maker）为例，它是以美国最南端的旅游胜地基韦斯特命名的。为将基韦斯特岛的场景感带入日常生活中，它选用了独特的带有光泽感的银色不锈钢机身，透明的有机硅玻璃杯体配以海蓝色的杯座和杯盖，呈现了一种有趣又专业的产品性格，烘托了在各种聚会上都能应付自如的氛围感。

（3）产品的功能属性

产品的功能属性是指产品具有的功能性特征或性能，即产品在能够完成的任务、提供的服务或实现的目标等方面具备的性质。功能属性与产品的实用价值紧密相关，它不仅指向产品的可用性，也指向产品的效用性，即产品执行其预期功能和特定属性的程度，如计算机的处理能力、移动设备的电池寿命或扫地机器人的清洁能力。

再以玛格丽塔维尔的基韦斯特系列冰饮混合机为例，为实现"派对机器"的产品定位，在功能属性方面，它具备了混合调制功能的强大性、各种原料配比功能的自动性（即自动将适当比例的冰与配料进行混合）、制作程序的预置性、速度和时间的可调性、冰块存储器的大容量、产品零件的可拆卸等特性。它以能够做出最好的水果冰沙以及任何种类的冰镇饮料的完美性能，获得了用户的高度认可。

（4）产品的使用属性

产品的使用属性是指用户在实际使用产品的过程中所获得的感受和体验，它与产品的好用性和交互性密切相关，反映了产品在是否能够让用户轻松、高效、愉悦地进行操作使用方面的性质，也反映了产品与服务之间的联系以及交互触点在这种联系中所扮演的角色。具体来说，产品的使用属性可以从产品的易用性、可靠性、定制性、反馈性、无障碍性等方面进行描述。

玛格丽塔维尔基韦斯特冰饮混合机为营造聚会氛围的轻松快乐感，在使用过程中极具易用性和便捷性。它有 4 个预先设定的操作选项，可供用户轻松选择；它的优质刀片能自动碎冰，将饮料调制到完美的稠度；它可供用户一次性制作 3 份（或 2.5 罐）冰镇饮料，供多人同时享用；用户只要打开杯盖，就可快速、干净地倒出制作好的饮料。用户会因它的便捷性和易用性获得极佳体验。

（5）产品的情感属性

产品的情感属性是指用户使用产品或服务时能够获得的感觉和知觉方面的体验特性，常常以形容词描述为主要表达方式。情感属性唤起用户的主观感受，影响用户与产品之间的关系维度。如数字录像设备 TiVo 定义产品时建立了娱乐的、傻瓜式的、顺畅的、强大的等情感词语。易趣网电子商务平台则提出了易于使用、安全有趣的情感价值。

《创造突破性产品》一书中列出了产品的情感属性的六种类型，即产品令人兴奋、引人探索的冒险属性，产品提供无拘无束自由感的独立属性，产品提供安全感和结实感的安全属性，产品充满丰富体验的感性属性，产品强化用户自信心和使用动机的信心属性，产品提升用户权威感、控制感和优越感的力量属性。书中提出，情感体验确定了产品的幻想空间，不同的想象空间区分了不同的产品[12]。

玛格丽塔维尔冰饮混合机为用户提供了丰富的娱乐性和惊喜感等情感体验，同时引导用户想象了一个与度假、休闲相关的制作与享用冰镇饮料的生活主题。

（6）产品的价值属性

产品的价值属性涉及与产品相关的社会和文化价值取向，涉及产品如何倡导社会责任，如何保护社会环境，如何引导健康生活方式等价值主张。当今，越来越多的用户正在积极寻找与他们的可持续价值观相契合的产品，可持续属性成为产品或品牌的重要价值属性。

在消费领域，可持续属性通常以利润、人和地球这"三重底线"（triple bottom line）为特征[13]。可持续产品通常是具有积极的社会或环境属性的产品，产品的可持续属性可体现在多种形式上，比如"有机""非转基因""人权""动物福利""碳足迹"等生态标签，"生物降解包装""让容器重新利用""可回收包装"等物理外观。

描述产品的可持续属性旨在向用户提供有关产品可持续性能的保证和信息，它反映了产品在整个生产和消费过程的社会价值和环境绩效。社会价值和环境绩效是用户强烈地与可持续属性相联系的两个维度，可持续属性重点关注的是产品所体现的社会公正和环境可持续。

（7）产品的其他属性

除以上几个产品属性之外，创新产品还可根据自身具有的其他特定本质，来描述相关属性。

有些创新产品在技术方面的特征和性能非常突出，技术属性就成为重点描述内容，可包括产品所使用的技术、技术创新、硬件和软件功能等方面的特质。例如 Tesla 汽车的技术特性极具竞争力，它的电动驱动技术的先进性、自动驾驶技术的领先性、产品软件的可升级性、电池的高容量长寿命等技术属性，不仅使它在电动汽车市场上脱颖而出，并且为用户提供了先进、智能、高性能的出行体验。

有些创新产品则体现出与特定文化相关的本质特性，其文化属性能够引发用户的认知、情感和态度，这包括产品的设计风格、品牌形象、符号、象征、故事，以及与某个文化或群体的价值观、信仰或传统相关的元素等。在设计的前端将文化注入价值塑造当中，通过挖掘用户需求、提升产品功能和丰富产品属性，将文化和产品形态联系到一起，有利于让用户和产品之间产生深层次的交互。例如耐克的"Nike Air Max Kiss My Airs"主题运动鞋，与当地或全球的艺术家、设计师、创作者合作，以涂鸦风格设计了独特的图案，反映了街头文化的审美，并赋予了鞋子更多的个性，通过对文化属性的强调吸引和连接了倡导独立性和挑战性的用户群体。

6.4　管理产品定义

产品定义是需求被创意转化为产品概念并形成规格定义的阶段，其质量在很大程度上影响着新产品开发的结果。因此，通过对产品定义进行有效管理，在前端识别和解决潜在的风险，有助于降低后续产品开发和生产中的不确定性，减小可能的负面影响。

6.4.1　产品概念的优化管理

产品定义阶段涉及复杂的信息处理和模糊的机会识别，产品概念因而常常具有不确定性，需要对其进行筛选和细化等优化管理。2012 年，时任瑞典哈姆斯塔德大学（Halmstad University）创新、创业和学习研究中心工业管理副教授的亨里克·弗洛伦（Henrik Florén）和瑞典吕勒奥理工大学（Luleå University of Technology）创业与创新学院教授的约翰·弗里沙马尔（Johan Frishammar）在发表的一篇论文中提出了一个设计前端创新产品概念发展的管理框架（图 6-7）。

这个框架中，想法和概念的开发是核心部分，但必须通过想法 / 概念的一致性和想法 / 概念的合法性来实现。"想法 / 概念的一致性关注企业如何战略性地将一个概念与其内部和外部环境保持协调一致；想法 / 概念的合法化承认社会政治维度和在前端建立组织承诺的必要性。"[4] 如果想法 / 概念的合法化存在问题，可能会出现高质量的产品概念得不到发展，或者有问题的产品概念没有被识别，或者在产品定义中确定的是平庸的产品概念。

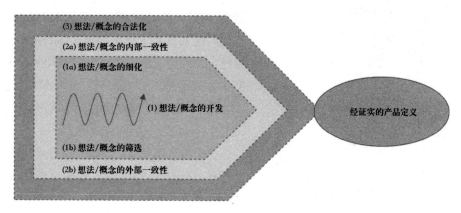

图6-7 设计前端创新产品概念发展框架图

要从一个想法／概念发展成一个经过证实的产品定义，这期间会面对多种复杂又模糊的信息，需要通过综合运用正式的和非正式的、定性的和定量的概念筛选方式，来证明哪些想法／概念是不可行的，并持续细化迭代可行的创新产品概念，以确保资源的有效分配。通常情况下，创新产品概念的筛选过程中会使用筛选指标，这些指标主要围绕产品概念是否满足用户需求、在技术上是否可行、是否能为公司的产品组合增加价值、是否符合公司发展的商业战略等内容。总的来说，形成全面筛选评估体系，综合多种筛选方法，形成开放互动的合作机制，系统性地细化、筛选产品概念更有利于清除"坏"概念，发展"好"概念。

产品概念开发这一阶段，特别是不依托以往企业经验的激进式创新产品概念的开发阶段，灵活有弹性的管理方式最为适用。产品概念的优化管理过程需要由企业内部的研发、营销、工程、设计等不同部门之间的合作来推动，同时也需要通过与外部参与者的合作来推动，如通过目标用户的参与来获得更新更具有市场驱动力的观点，与政府部门和高等教育机构等外部资源合作以获得更理想的精细化概念，与外部技术机构合作以填补概念开发需要的技术空白。

值得指出的是，对产品概念的优化管理不应只强调概念创新的筛选过程，而是更应强调对产品概念的期望结果提出硬性要求。如3M公司实行的"进度增强"（Pace Plus）项目就是以在每个业务部门中筛选出一两个强大到对市场产生重大影响的产品概念为特定目标的，并明确提出了筛选创新产品概念的具体要求：能够在市场中改变竞争基础、预计将产生1亿美元以上的收入、全球范围、能够利用专有的3M技术。公司首席执行官兼董事会主席德西蒙（Desi DeSimone）曾估计Pace Plus项目成熟后的年销售额可能超过60亿美元。

6.4.2 产品定义的变化管理

产品定义不是一成不变的，它会随着目标用户的新需求、竞争产品的新变动、技术研发

图6-8　产品定义变化的整合驱动因素

的新成果、政策与社会文化的新输入而提出是否需要进行相应调整的问题，新产品开发团队会面临如何应对这些变化的决策（图6-8）。有研究表明，产品定义的仓促或针对变化的管理不善，例如放弃关键的产品功能，或内部对新用户需求、竞争产品的不当反应，会导致产品发布日期延迟、成本高昂，最终导致产品故障。

当相关条件发生了变化，是否要调整产品定义以及如何调整产品定义，应该依具体情况来进行管理。

有些成功项目的开发团队由于提前规划了后续产品，在产品开发过程中并没有显著改变他们的产品定义，甚至是"冻结"了部分或全部产品定义。他们采用的管理策略是通过调整未来产品的战略来应对环境的变化，在定义某一创新产品时，就提出了在时间上有承继关系的能容纳新变化的后续版本 [1]。

有些成功项目的开发团队面对变化采用的是有选择地更改产品定义中可以进行调整或有必要进行调整的内容的管理策略。比如，当发现其他公司推出新的竞争性产品时，团队成员会评估自己的产品定义，评估对产品规格进行更改的利弊，在整体产品定义基本保持稳定的前提下，努力扩展新的和改进的功能，而不是专注于通过降低成本来获得竞争优势。项目团队在开发过程中还需要提出许多技术问题来管理产品定义的变化，以避免并减少开发项目因产品定义的中断或变更而崩溃的危险。

产品定义本身应该反映出对产品定位、产品在整体商业战略中的作用以及指导开发团队的优先事项的共识。随着用户需求的快速变化和产品生命周期的缩短，更趋灵活的产品定义调整机制显得越来越重要。

我们看到，在越来越复杂多变的社会发展进程中，引起产品定义可能发生变化的驱动因素是多元的，科技的日新月异、商业竞争的市场转换、社会新政和文化转型、人的生活方式演变，都从不同的层面检验着产品定义的可行性和适配性。如何管理产品定义的变化，直接影响着产品开发的质量和企业发展的战略。整合引起产品定义变化的驱动因素，引导产品定义以正确方式应对不断变化的内外部环境，提升产品定义的效力，是产品定义变化管理的核心宗旨。

本章参考文献

[1] Bacon G，Beckman S，Mowery D，et al.Managing product definition in high-technology in dustries：A pilot study [J].California Management Review，1994，36（3）：32-56.

[2] Griffiths-Hemans J，Grover R.Setting the stage for creative new products：investigating the idea fruition

process [J].Journal of the Academy of Marketing Science, 2006, 34（1）: 27-39.

[3] Orihata M, Watanabe C.The interaction between product concept and institutional inducement: a new driver of product innovation [J].Technovation, 2000, 20（1）: 11-23.

[4] Florén H, Frishammar J.From preliminary ideas to corroborated product definitions: Managing the front end of new product development [J].California Management Review, 2012, 54（4）: 20-43.

[5] Chen C H, Khoo L P, Yan W.PDCS—a product definition and customisation system for product concept development [J].Expert Systems with Applications, 2005, 28（3）: 591-602.

[6] Grönlund J, Sjödin D R, Frishammar J.Open innovation and the stage-gate process: A revised model for new product development [J].California Management Review, 2010, 52（3）: 106-131.

[7] 凯茜·巴克斯特，凯瑟琳·卡里奇，凯莉·凯恩.用户至上：用户研究方法与实践 [M].王兰，等译.2 版.北京：机械工业出版社，2017: 361.

[8] 许为.再论以用户为中心的设计：新挑战和新机遇 [J].人类工效学，2017（1）: 82-86.

[9] McAdams D A, Stone R B, Wood K L.Functional interdependence and product similarity based on customer needs [J].Research in Engineering Design, 1999, 11: 1-19.

[10] 杰西·詹姆斯·加勒特.用户体验要素：以用户为中心的产品设计 [M].范晓燕，译.北京：机械工业出版社，2011: 9.

[11] 杰西·詹姆斯·加勒特.用户体验要素：以用户为中心的产品设计 [M].范晓燕，译.北京：机械工业出版社，2011: 23.

[12] 乔纳森·卡根，克莱格·佛格.创造突破性产品：揭示驱动全球创新的秘密 [M].北京：机械工业出版社，2018: 58.

[13] Bangsa A B, Schlegelmilch B B.Linking sustainable product attributes and consumer decision-making: Insights from a systematic review [J].Journal of Cleaner Production, 2020, 245: 118902.

第 7 章

实战案例

案例1 斐朵（phondo）——智能宠物健康检测仪设计
（设计：汪丰睿、沈若章、贺奕薇 / 指导：鲍懿喜）

1. 确立用户

目标：限定研究范围，明确用户为养宠人群。

随着社会经济的发展，居民收入水平逐渐提高，越来越多的家庭开始养宠物丰富日常生活，宠物逐渐变成了人们生活和精神上的伴侣。宠物的角色和地位悄然发生了转变，在促进社会和谐发展上发挥着重要的作用。人们的宠物开销增加，特别是为宠物造型打扮上的消费观念越来越开放。瞄准宠物造型打扮这一新兴市场，开展关于宠物造型打扮的课题研究。

2. 小册子（Booklet）

目标：了解用户宠物护理的场景与细节。

为了解用户，设计了主题为宠物造型打扮的小册子，以相对趣味化的形式对用户展开初步调研。着重了解用户基本信息、用户与宠物的行为习惯、对造型打扮的观念和原因。

当前针对宠物造型打扮的研究具有局限性，用户群体较为小众。

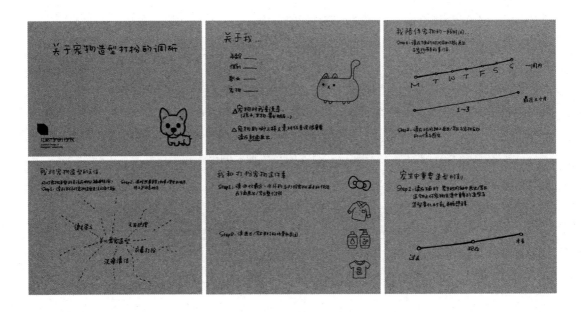

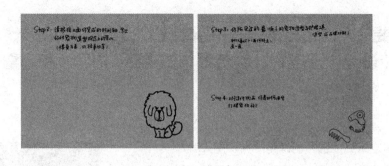

3. 用户访谈

目标：明确养宠用户的需求与痛点。

访谈地点1：无锡市融创天鹅湖花园小区。

访谈地点2：无锡市博大摩登它诺宠物生活馆。

了解有关宠物清洁护理细节、宠物护理产品、宠物线上平台/APP、宠物店工作人员的护理日常四方面的问题。

4. 亲和图

目标：将养宠用户的调研数据进行定性研究分析。

归纳总结Booklet和用户访谈的有效信息并进行相应比对，制作亲和图。汇总各部分零散信息，帮助我们整合设计关注点。

亲和图横向展示了多位典型用户对象在宠物清洁护理细节、护理产品类别、产品不足&期望和平台使用这四大方面有效信息。纵向则展示了同一用户在宠物护理这一主题上不同方面的现状。

同时我们额外将专业人士指导建议的有效信息单独罗列出一栏用以参考。

5. 剪贴画

目标：养宠用户需求可视化。

延续调研进程，以拼图形式展现人物、场景、生活方式、已有产品的视觉风格、交互方式。

① 空间：与宠为伴的温馨、舒适的居家生活环境。

② 生活方式：舒适生活倡导者，与宠为伴，社交小公主。

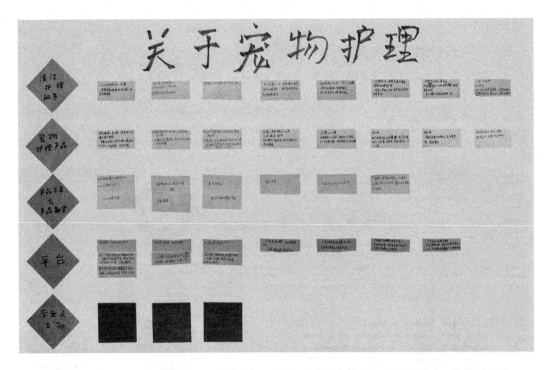

③ 交互方式：抚摸、梳毛——体感交互，方向提示交互，界面交互，信息交互。

④ 产品：低饱和度的色彩搭配，倾向手持梳子形态，轻智能，具有亲和力的软橡胶材质。

6. 问卷调研

目标：输出养宠用户需求、体验机会点。

① 养宠用户普遍愿意接受的宠物健康产品价格区间为 300～500 元。

② 有养宠期望的用户希望检测到宠物毛发和皮肤方面的健康状况，养宠用户希望产品能检测到宠物消化系统的健康状况。

③ 养宠用户更倾向于使用人工手持方式实现宠物健康的检测功能，及设备直接反馈的方式。

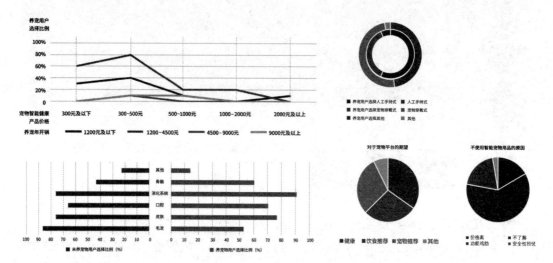

7. 趋势分析工具

目标：识别养宠用户的产品机会缺口。

8. 价值机会评价工具

目标：针对养宠用户的宠物护理产品设计，导出有价值的设计策略。

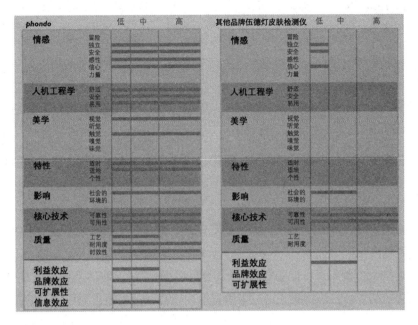

9. 产品定义

目标：明确宠物护理产品定位，描述产品的核心价值、所解决的问题。

产品描述：斐朵（phondo）是一款针对宠物猫/狗毛发、皮肤类健康问题开发的智能梳子形式的手持宠物健康检测仪。结合线上终端，为养猫养狗人士提供家居场景中及时专业的宠物健康医疗服务：优化宠物梳毛体验，判断宠物健康情况，对宠物毛发、皮肤类常见疾病进行检测，在仪器上进行简单的提示反馈；在线上终端进行详细的记录分析反馈，提供专业知识科普指导并推荐相关用品。

产品目标：为顺应宠物产品智能化的潮流，占据宠物家居健康智能化管理产品的早期市场，打造高需求性的智能宠物用品。

10. 产品属性分析

目标：描述为养宠用户设计的宠物护理产品特性，凸显与竞品的差异性。

（1）商品属性

斐朵（Phondo）的市场基本定位属于中端智能宠物用品。

相较于目前市场上已存在的大部分智能宠物用品，斐朵的价格设定将更加亲民化，居于养宠物人士普遍能接受的消费区间（300～500元）。同时斐朵作为注重功能和质量的健康医疗类宠物用品，又将区别于市场上成本低廉、功能简单的普通宠物用品。

（2）技术属性

设备对宠物毛发、皮肤类常见病菌的检测与反馈：该技术使用伍德氏灯和荧光传感器装置，在使用设备对宠物毛发进行梳理的过程中完成对宠物的病理状况的检测，并通过指示灯做出简单的及时反馈。

仪器检测结果向线上端传导：检测仪通过WiFi、蓝牙等无线方式连接线上终端，将检测结果的详细信息传导至线上。

线上终端接收检测结果、记录分析、线上反馈：建立线上终端平台和用户个人信息库，收集记录已接收的仪器检测结果，通过大数据库内设算法分析得出宠物健康情况，在线上进行反馈。

（3）物理属性

形：检测仪整体形态由排形梳子造型演化而来。

色：仪器整体颜色应凸显家庭宠物医疗产品的专业性和安全性。

材质：仪器握把处外层为安全无毒的聚碳酸酯，内部框架则由铝合金制成。梳齿处则由精密工艺切割的磨砂质感的不锈钢组成，以确保梳理的流畅性。

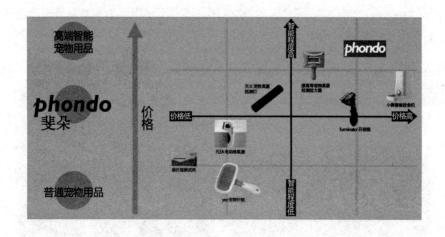

（4）体验属性

（5）价值属性

11. 表现工具

目标：以视觉化表现形式，辅助描述养宠用户及产品设计方案。

（1）用户画像

养宠人群，以宠物类型细分为养狗的热心"铲屎官"、养猫的随和派"铲屎官"。

Franco 弗兰克

基本信息

年龄 42岁
年收入 30万元
养橘猫4年 随和派铲屎官
三口之家

性格

性格平和，向往慢生活，完美主义者
工作认真，顾家好男人
有时候却像自家的猫一样懒

习惯

定期更换猫砂与喂猫粮
没有刻意为猫作清洁
对满屋子的毛感到无奈
但又时常忍不住抓起猫来一阵狂撸

技术

不信任网上非官方的宠物健康知识
又懒于整理和学习专业宠物知识
对猫咪毛发问题感到困惑却无法解决

目标

能够准确高效及时地了解宠物健康状况
特别是毛发状况，并获得明确的医疗指导

使用设备与在线平台

为猫买了专用的高端修剪工具
很少使用线上平台

产品偏好

dyson BRAUN

"猫毛令人抓狂，
这掉毛的速度让我时常为猫咪的皮肤状况感到担忧
他可千万别秃。"

（2）故事板

（3）用户体验旅程图

护理前：缺乏专业知识，对宠物毛发状况感到疑惑；

护理中：智能梳使用流畅让用户感到愉悦，指示灯使用户感到好奇，登录 APP 查看检测详情；

护理后：查看反馈详情和健康分析，了解护理知识。

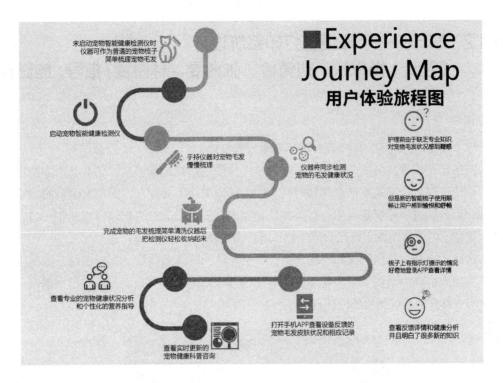

（4）情绪板

关键词：宠物、医疗、温馨、呵护。

案例2 享印——手账便捷打印系统设计
（设计：杨思敏、刘倚伶、张嘉雯、林晓雯/指导：鲍懿喜）

1. 确立用户

目标：限定研究范围，明确用户为手账爱好者群体。

在网络社交媒体发展的今天，手账作为一种传统的纸媒记录形式，仍有其忠实的用户群体。用户能通过手账记录生活、规划时间，把生活安排得井井有条。而手账也确确实实影响着人们，因为通过手账规划人生，这并非只是空谈。当人们尝试去记录自己的每一日，进而重新审视自己的生活，设定自己的梦想，并逐步去实现。

在选择"记录与分享需求"的基础上，将手账这一记录载体作为调研主题，把使用手账相关产品的人群作为调研对象，希望围绕其记录与分享的体验作调研，洞察用户需求，挖掘能使这类人群获得更优体验的设计点。

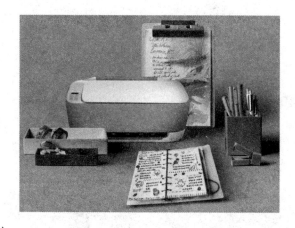

2. 小册子（Booklet）

目标：了解用户手账记录、分享的场景与细节。

用户个人情况（从宏观上了解其生活）：包括个人基本介绍、我的一天。

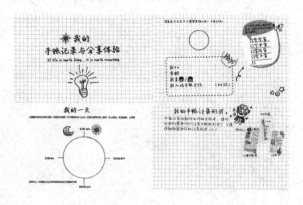

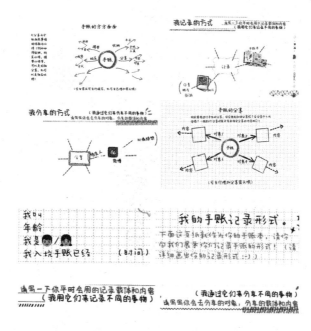

基于手账的用户信息：手账的方方面面、我的手账记录形式。

用户在手账记录与分享行为方面的信息：我记录的方式、分享的方式。

用户在分享对象上的信息：畅想手账分享对象、畅想手账分享方式。

3. 用户访谈

目标：明确手账用户的需求与痛点。

(1)分享心理动机
分享是基于一定的动机，两种典型的分享动机：利他的分享动机和自我表达的动机。自我表达的动机：如平常去吃饭是先拍个照，去某个景点游玩了也不忘美美晒上几张。利他的分享动机：如展示自己收到的礼物，让送礼物的人开心。

(2)分享原因
①获得朋友关注
②引起他人注意并得到赏识（分享自己的设计作品或绘画）
③通过分享发泄情绪（自己的心情或者秘密，例如QQ悄悄话，或者没有熟人的平台）
④帮助需要一些资源的同学（PS的快捷键、安装包等）

(3)分享内容
分享不同的内容，分享对象具有区间性。如朋友圈等分享对象与自身关系熟悉的平台，分享内容会更真实化和琐碎，能更多体现人的真实性格和情绪。如果是陌生人较多的平台，分享的内容会更加模式化和程式化，更多时候是出于网络礼貌的原因。在完全没有熟人的平台，分享的内容会更加理想化，如喜爱旅游的文艺博主。

用户访谈结论 - 5个方面

(4)对分享的热衷度
对分享的热衷度由于年龄和生活经历的不同，会出现波峰波谷。在生活纯粹、交往圈单纯的时候，人们更愿意和他人分享。当人忙碌的时候，生活繁杂时，人往往选择不予分享。

(5)纸媒记录
什么时候会利用纸媒记录，记录内容为哪些：不同于网络分享，愿意记录在纸媒上的内容往往更有意义和更加谨慎。因为下笔需要经过思考，所以一些发生的小趣事就会选择不予记录。会记录的往往是印象深刻的事情。并且，对于一些内心的烦躁或负面情绪就更愿意用纸媒记录。

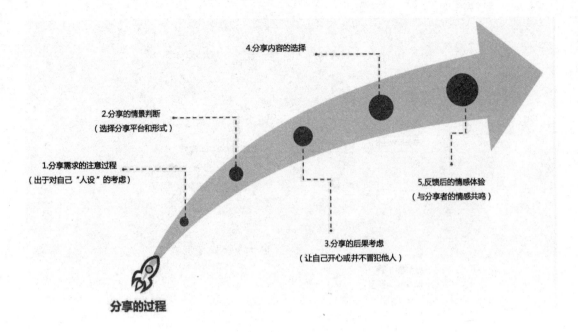

4.分享内容的选择

2.分享的情景判断
（选择分享平台和形式）

1.分享需求的注意过程
（出于对自己"人设"的考虑）

5.反馈后的情感体验
（与分享者的情感共鸣）

3.分享的后果考虑
（让自己开心或并不冒犯他人）

分享的过程

4. 亲和图

目标：将手账用户的调研数据进行定性研究分析。

设计机会点洞察：①通过便携的自定义纸张打印来满足用户不同的内容记录需求；②需要一种模块化产品来满足记录内容与分享内容的区分；③需要一个同爱好的陌生人社交平台。

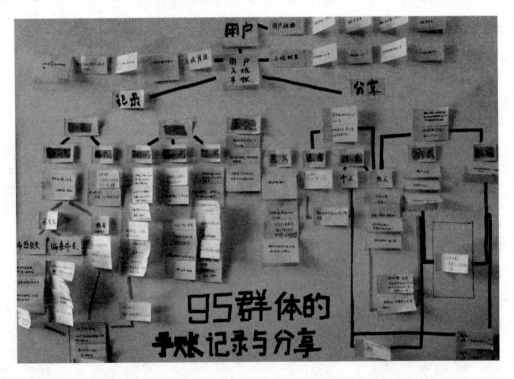

5. 剪贴画

目标：手账用户需求可视化。

6. 问卷调研

目标：输出手账用户需求、体验机会点。

纸张：整体来看，大部分手账者更倾向自由度较大的纸面版式。在后面进行模块化纸张设计时，这个是要遵循的重要原则。半成套模板和成套模板、素材共享和纸张规格选择是必要选项。

素材：人们青睐贴胶带这种相对容易出效果而且较快速的方式，后面的便捷打印可参考这种方式。手账爱好者们对彩色图文的需求最大。

分享：分享的主要目的是想获得陪伴感，多与有共同爱好的人群分享。愿意分享的人群更注重排版的美观度与成品度。不愿分享的人更注重自己的使用体验，自我的使用感觉。不同的记录内容，分享给不同的人群。

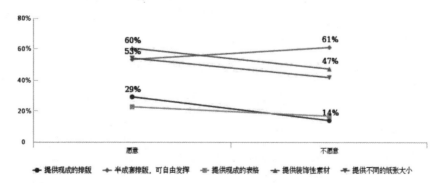

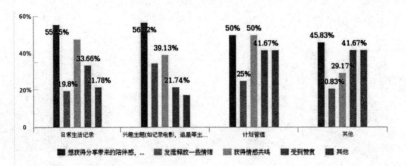

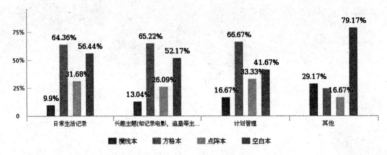

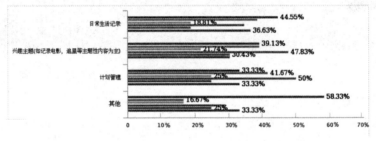

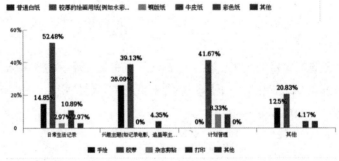

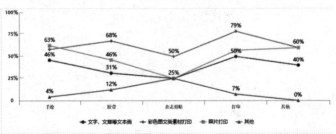

7. 趋势分析工具

目标：识别手账用户的产品机会缺口。

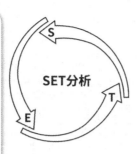

Economical 经济

① 在"悦己经济"和"孤独经济"的大背景下，手账爱好者偏好于私人化、小型化的高体验产品。

② 手账爱好者对高端化、个性化的打印需求会持续增长。

③ 手账爱好者在相关手账周边产品的投入意愿上日益上涨，除传统相关的文创制作产品外，对技术含量较高的智能化产品也较青睐。

④ 除了对基础硬件产品有要求外，手账爱好者越来越注重能增强其制作体验的付费内容产品。

Social 社会

① 以青年群体为主的手账爱好者生活节奏日益加快，对于手账制作更偏好碎片化，整块时间被打断，人们更注重效率。对于制作过程中素材获取、排版等一些繁琐步骤想要得到优化。

② 随着互联网的发展，短视频媒介等呈井喷式爆发，使更多手账文化群体对手账相关信息的网络传播意愿增强，其分享行为的参与度也随之提高。

③ 近年来，手账在青年群体中的复兴，使众多年轻人思考并回归以纸质为载体的随身记录和创作，但在后期手账内容的留存上又与互联网紧密相连。

Technical 技术

① 喷墨打印技术已十分成熟，相关打印机产品价格亲民。

② 蓝牙技术成熟且成本低，使用普及。

③ 相关信息载体日益增多。

④ 打印耗材成本降低。

8. 价值机会评价工具

目标：针对手账用户的产品设计，导出有价值的设计策略。

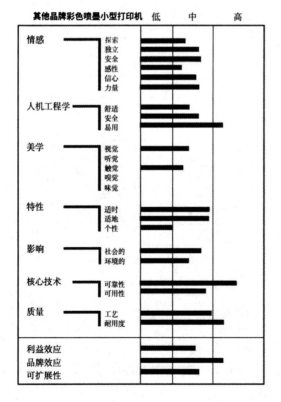

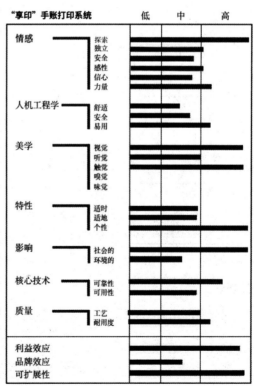

9. 产品定义

目标：明确手账产品定位，描述产品核心价值、所解决的问题。

产品描述
本产品是针对手账爱好者而设计的综合服务平台。由以多元化的便捷自定义打印为主要功能的个人小型打印机和与其对应的网络平台共同组成。

此款个人打印机支持多种规格的纸张打印，多种品类的纸张打印，各种手账素材的打印，以及纸张的扫描。

其对应的网络共享平台，以用户之间的兴趣交流为出发点，基本模块由手账素材共享，手账排版制作分享以及"漂流手账本"。

产品目标
作为打印机市场与手账市场的交叉涉及型产品，本产品在传统的打印设备市场中开拓了更细微化的新市场，从而扩大了打印产品的应用领域，使得打印设备类的市场竞争力增强。

用户需求
①入门级别用户
希望产品可以提供大量的素材和完成度较高的排版，以帮助他们制作出精美满意的手账，另外可在平台上学习到其他用户的手账排版与制作经验。
②高阶用户
希望可以提供各种模式化的图表，从而简化手账制作过程中一些繁杂步骤。同时想要通过在平台分享手账制作与排版经验，与别的用户进行交流，发现生活中更多有意思的瞬间。

10. 产品属性分析

目标：描述为手账用户设计的产品特性，凸显与竞品的差异性。

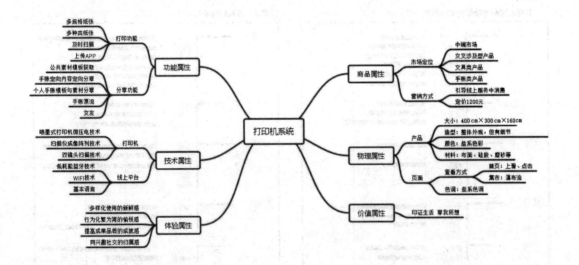

11. 表现工具

目标：以视觉化表现形式，辅助描述手账用户及产品设计方案。

（1）用户画像

将用户细分为手账入门级制作者（内容消费者）与手账长期制作者（内容生产者）。

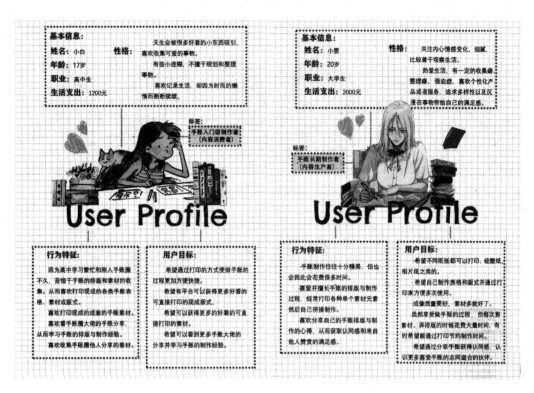

（2）故事板

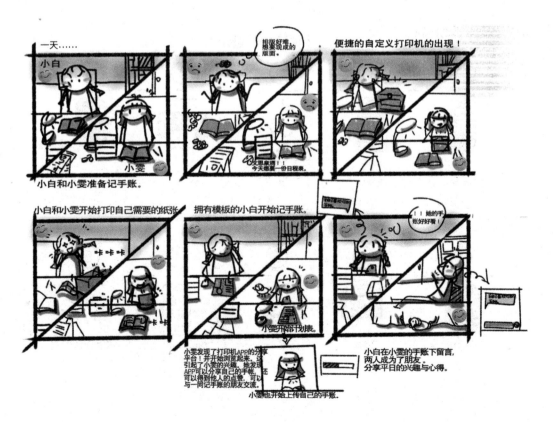

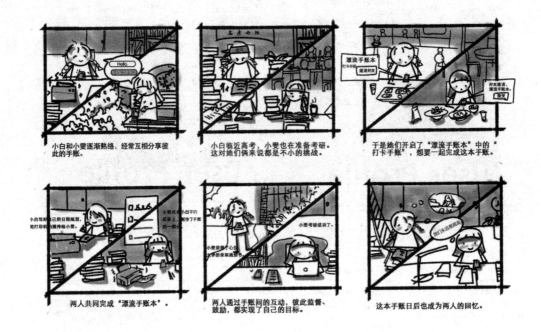

小白和小雯逐渐熟络，经常互相分享彼此的手账。

小白临近高考，小雯也在准备考研。这对她们俩来说都是不小的挑战。

于是她们开启了"漂流手账本"中的"打卡手账"，想要一起完成这本手账。

小白写好自己的日程规划，用打印机连接传给小雯。

两人共同完成"漂流手账本"。

小雯考研成功了。

两人通过手账间的互动，彼此监督、鼓励，都实现了自己的目标。

这本手账日后也成为两人的回忆。

（3）产品体验流程图

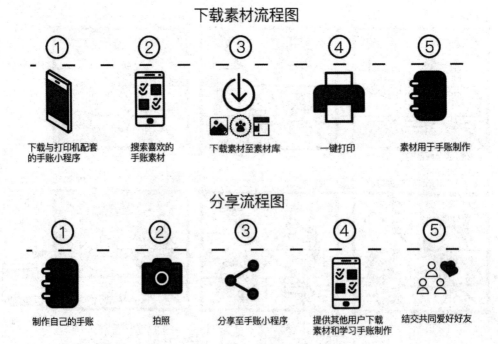

下载素材流程图

① 下载与打印机配套的手账小程序

② 搜索喜欢的手账素材

③ 下载素材至素材库

④ 一键打印

⑤ 素材用于手账制作

分享流程图

① 制作自己的手账

② 拍照

③ 分享至手账小程序

④ 提供其他用户下载素材和学习手账制作

⑤ 结交共同爱好好友

（4）情绪板

案例 3　SLAC 智能亲子互动玩具
　　　　（设计：郭欣怡、陆雪菲、杨泺雯、杨雨昕/指导：鲍懿喜）

1. 确立用户

目标：限定研究范围，明确用户为童年有传统玩具体验的人群。

随着经济与社会发展的脚步逐渐加快，当今人们面对的压力越来越大，社会出现了怀旧的浪潮。为帮助人们从工作与家庭的琐事中暂时抽身，重新体验童年那般无忧的轻松时光，主打怀旧情怀的创新产品逐渐出现在了市场上，越来越多的人乐意通过消费来获得回忆般的体验。

通过初步分析，从最能承载人们童年回忆的玩具入手，瞄准传统玩具的再创新这一设计机会点，开展基于现代交互方式的传统玩具创新研究。

2. 小册子（Booklet）

目标：了解用户有关童年玩具的场景与细节。

设计思路：①得到受访对象的基本概况；②了解对象与童年玩具的具体细节；③探索受访对象再次玩童年玩具的可能性；④挖掘受访对象对理想玩具的期望；⑤希望从"脑洞大开"得到惊喜和灵感。

结论：①多数人的童年记忆里印象深刻的是多人互动的玩具，且多为情景体验类和体育类玩具。②多数人具有怀旧心理，使传统玩具的再次出现成为可能。③多数人希望玩具简单易上手、性价比高，更注重玩具玩法的创新，其次对外观与科技感的追求也日益增长。④亲子互动成为多数人的首选，现代的 80 后或 90 后随着年龄的增加，更加注重家庭。同时希望注入现代新元素，使传统玩具符合不断更新的潮流。

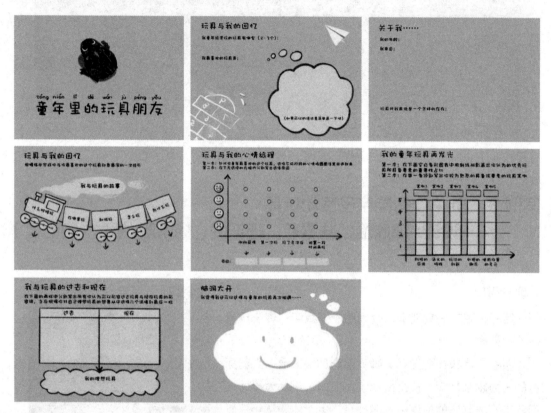

3. 用户访谈

目标：明确亲子用户的需求与痛点。

我们通过语音、视频等方式，寻找了不同年龄、不同地区的 80 后、90 后。随着访谈的一步步深入与引导，他们逐渐打开了回忆的大门，让我们从中获取了更多书面调查获取不到的有效信息。

结论：①访谈对象在谈及童年玩具时，印象最深的是手工制作、参与度较高的玩具。②他们大多认为以前玩具最大的优点是通过更密切的人与人之间的互动产生情感连接。③现在玩具最大的优点是具有安全性、智能性。④希望未来与玩具再次产生关联的途径是与下一代产生联系，如培养下一代的动手能力、给后代介绍从前的玩具、与后代产生共鸣等。

4. 亲和图

目标：将亲子用户的调研数据进行定性研究分析。

设计思路：将前期 Booklet 和访谈所得数据进行归纳总结，按照"过去—现在—未来"的大框架，将亲和图分为"玩具的故事""关于玩具的心情变化""我与玩具的过去与现在""再次相遇的方式"四个部分。

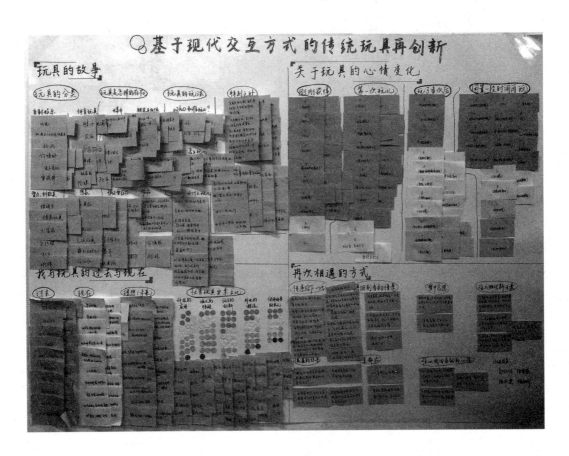

亲和图可视化总结：

① 目标用户在童年一般倾向于幻想情景体验类和体验类玩具；强调多人互动分享。

② 从意义方面出发，得出童年玩具价值较高；闲置一段时间再体验玩具的大多数人的情绪反应较高。

③ 需以科技和外观共同作用达到玩法的创新。

④ 用户最希望将童年玩具传递给自己的下一代。

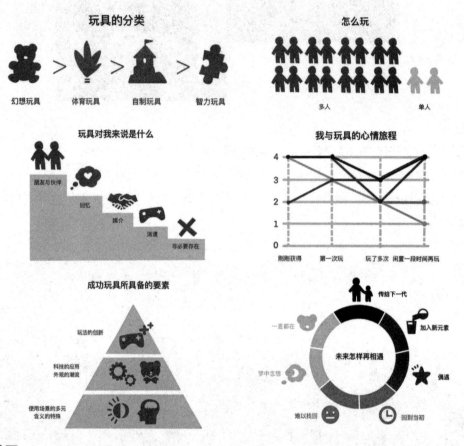

5. 剪贴画

目标：亲子用户需求可视化。

①理想产品类型分析；②理想产品 CMF 分析；③用户使用方式；④用户使用场景；⑤期望获得的情感体验。

基本信息：

姓名：小迪　职业：摄影师

性别：男　居住地：南京

年龄：30岁

人物特点：

性格开朗，热爱生活，注重朋友与家庭，追求新产品，享受新体验

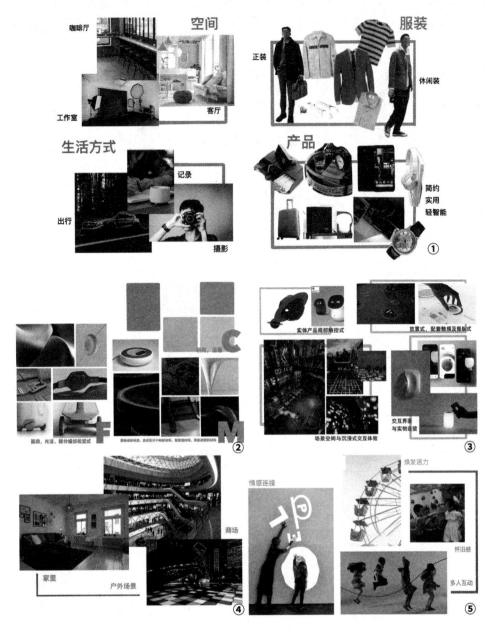

6. 问卷调研

目标：输出亲子用户需求、体验机会点。

结论：①1980～1985年的调研对象都有孩子，1986～1990年的调研对象大多数有孩子，而1991年以后的调研对象有孩子的总体不算多。②大多数家长每日的亲子互动时间是半小时至一小时，最常使用的互动方式是语言交流和游戏娱乐。③目标人群最希望与下一代分享的也是自己童年玩具的玩法。④在优秀玩具应具备的要素方面，大多数80后用户选择科技的应用，其次是玩法的创新。⑤目标用户希望采用的交互方式为科技、情景、音乐和语音、动作的结合。⑥80后更加倾向于"场景空间与沉浸式交互体验"，其次是"放置式、配套触摸及操纵式"。⑦用户倾向购买的亲子交互产品造型圆润、具象，结构简洁，表面光滑，图案较少，触感柔软，色彩柔和。

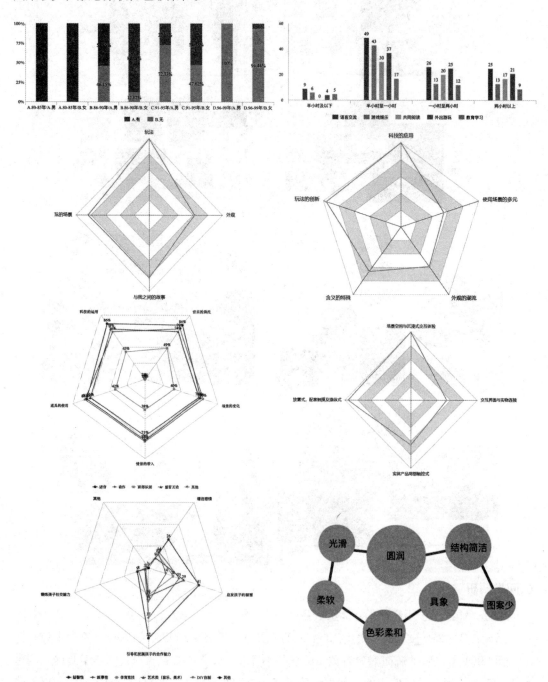

7. 趋势分析工具

目标：识别亲子用户的玩具产品机会缺口。

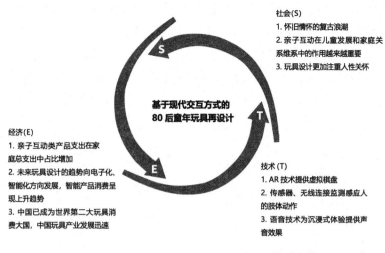

社会(S)
1. 怀旧情怀的复古浪潮
2. 亲子互动在儿童发展和家庭关
系维系中的作用越来越重要
3. 玩具设计更加注重人性关怀

经济(E)
1. 亲子互动类产品支出在家
庭总支出中占比增加
2. 未来玩具设计的趋势向电子化、
智能化方向发展，智能产品消费呈
现上升趋势
3. 中国已成为世界第二大玩具消
费大国，中国玩具产业发展迅速

技术 (T)
1. AR 技术提供虚拟棋盘
2. 传感器、无线连接监测感应人
的肢体动作
3. 语音技术为沉浸式体验提供声
音效果

信息来源：《玩具行业发展趋势分析：未来仍需加大创新》
《儿童益智玩具的互动性设计研究》

8. 价值机会评价工具

目标：针对亲子用户的玩具产品设计，导出有价值的设计策略。

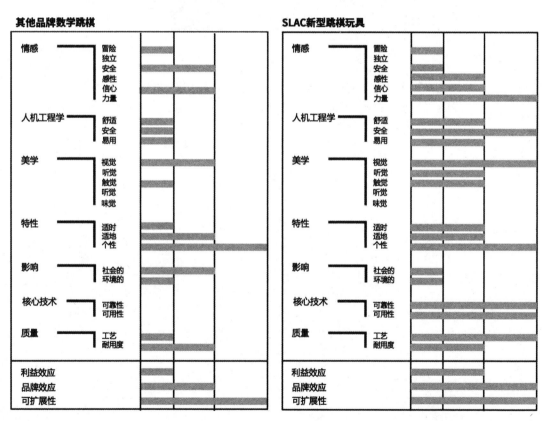

9. 产品定义

目标：明确亲子交互玩具产品定位，描述产品核心价值、所解决的问题。

产品描述：SLAC 是一款为亲子互动设计的微型化、沉浸式，将投影设备与可穿戴式脚环结合的智能跳棋玩具，在传统跳棋玩法的基础上进行互动方式创新。

通过腿部跳跃动作进行选棋和落子，身体移动控制棋子的走向，打破了原有棋类玩具只能在传统棋盘上操作的局限；可穿戴式脚环综合了传感器与无线连接技术，父母和孩子在"扮演"棋子的过程中可以沉浸式体验下棋；可穿戴式脚环脱离了控制台和特定位置等因素的束缚，适用于走动跑跳等多种方式，补充单纯游戏类玩具互动性有限的缺点。

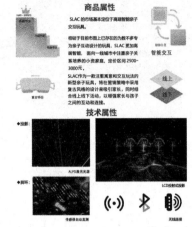

10. 产品属性分析

目标：描述为亲子用户设计的玩具产品特性，凸显与竞品的差异性。

分别从功能属性、体验属性、价值属性、商品属性、物理属性、技术属性进行分析。

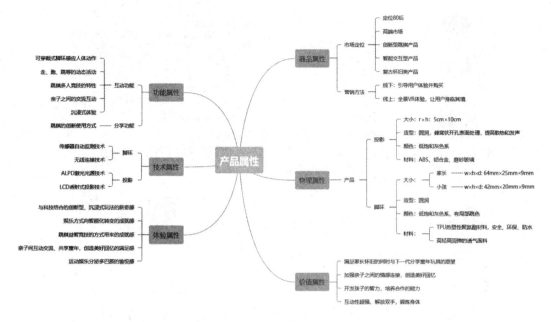

11. 表现工具

目标：以视觉化表现形式，辅助描述亲子用户及玩具产品设计方案。

（1）用户画像：细分为 80 后、90 后父母及其孩子

明确家长、孩子两种典型用户的行为、可接受的技术、用户目标、用户故事、痛点、使用的玩具。

唐婉
TangWan

年龄：	**37岁**
居住地：	**南京**
职业：	**牙医**
年薪：	**25万元**

家庭状况：
与丈夫、儿子生活在一起。

行为behaviors：
运动
思考
竞技

技术Tech：
电脑软件
AR
移动APP

目标Goals：
通过将童年益智性玩具与现代新型AR技术结合，形成能和儿子玩儿到一起，亲似朋友的亲子关系。

"我希望能与儿子分享我的童年玩具……"

用户故事Story：
唐女士今年37岁了，有一个8岁的儿子。因平时工作较为忙碌，晚上回家也多为疲惫状态，回家还要为家人准备晚饭、打扫卫生。想到这些唐女士总会头疼，时不时会想起自己童年无忧无虑的生活。

在忙碌一天的结尾，唐女士终于得闲，直到睡觉前才和儿子有一小段时间的真正交流。随着儿子年龄的增长，喜欢分享自己的趣事，但因疲惫的心情，没有精力认真倾听给予反馈，导致唐女士发现自己与孩子的距离越来越远。在无法改变忙碌的现实里，唐女士希望自己可以更有效地与孩子互动交流，重回温馨的的亲子关系。

痛点Pain spot：
工作繁忙，与孩子距离增大，亲子互动载体缺失

玩具Toys：

昊昊
HaoHao

行为behaviors:
运动
思考
竞技

技术Tech:
电脑软件
AR
移动APP

目标Goals:
　　可以在室外和爸爸妈妈玩一些蹦蹦跳跳的玩具。

"我希望妈妈爸爸有时间可以多陪我玩玩具"

用户故事Story:
　　昊昊今年8岁了，因父母平时工作较为忙碌，晚上回家也多为疲惫状态，昊昊几乎没有办法和父母有交流玩耍的机会。
　　因住在独立高层公寓，身边的小伙伴们也离得很远，邻居间也较为陌生，所以多为自己独自一人玩儿。因为玩具较为智能，所以刚开始比较有趣，但久而久之也失去了兴致。昊昊一次无意间发现了家里收起来的跳棋，原来是妈妈小时候玩的，虽然比不上自己玩具的酷炫，但昊昊还是产生了兴趣，并尝试自己玩。还在晚上久违地听妈妈讲除学习以外的其他趣事，对妈妈的童年充满了好奇，也更加希望妈妈可以带着自己一起玩。

痛点Pain spot:
　　父母工作繁忙，小伙伴们也不住在一起，每天放学以后总是自己玩自己的　很无聊。

玩具Toys:

（2）故事板 - 痛点挖掘

白天忙于工作　下班后急忙采购　回到家抓紧时间做饭　忙碌的工作和家务后觉得十分疲惫

做饭的过程还要时不时观察儿子动向　看见儿子玩玩具时的投入与欣喜　联想到自己小时候和朋友一起玩儿很喜欢的玩具　如果有机会和儿子一起玩儿自己童年的玩具就好了

（3）故事板 - 产品新体验

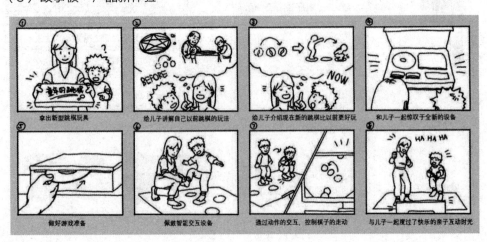

拿出新型跳棋玩具　给儿子讲解自己以前跳棋的玩法　给儿子介绍现在新的跳棋比以前更好玩　和儿子一起惊叹于全新的设备

做好游戏准备　佩戴智能交互设备　通过动作的交互，控制棋子的走动　与儿子一起度过了快乐的亲子互动时光

（4）用户体验旅程图

（5）情绪板

关键词：智能化、亲子、活力。

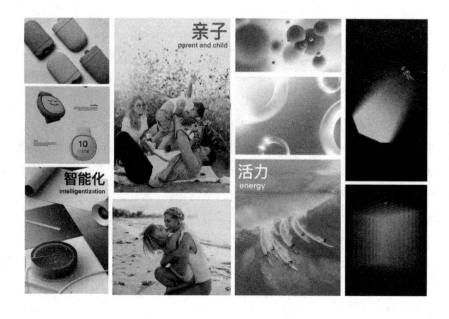

案例 4　域见——为已逝宠物主人打造的纪念服务系统
（设计：郭建宏、谢修竹、李家懿、黄佳裕/指导：鲍懿喜）

1. 确立用户

目标：限定研究范围，明确用户为已逝宠物主人。

随着我国社会与经济的发展，近年来养宠物人群呈拓展趋势，高消费、高学历特征加强。疫情之后，人们对于生命与死亡的认识更深，宠物也成为人们生活以及精神的伴侣，人与宠物之间的羁绊更加深刻。萌宠经济下，情感诉求带火宠物纪念品经济，养宠人群愿意为宠物纪念品买单，并且产品的选择更趋于个性化。通过初步分析，我们将选择个性化定制的宠物纪念品这一市场，开展关于宠物纪念服务系统的课题研究。

2. 小册子（Booklet）

目标：了解用户有关纪念、回忆宠物的场景与细节。

设计思路：希望通过轻松可爱的形式来获取主人对于宠物死亡后相关问题的回答。整体采用了温暖清新的色调，问题设置循序递进，从回忆过渡到死亡，尽量不带给主人过分的消极情绪。

调研结论：①Booklet 相比用户访谈，能给填写者更多思考的时间，更能挖掘出一些故事的细节信息，更具情感性。②宠物对于主人而言更像是家人，两者间的情感羁绊比想象中的还要深厚。③填写者对于和宠物死亡后的再相逢有很大的兴趣，为我们之后的设计提供支撑点：生命的延续陪伴。④初步了解纪念物倾向和用户想象的宠物死后世界。

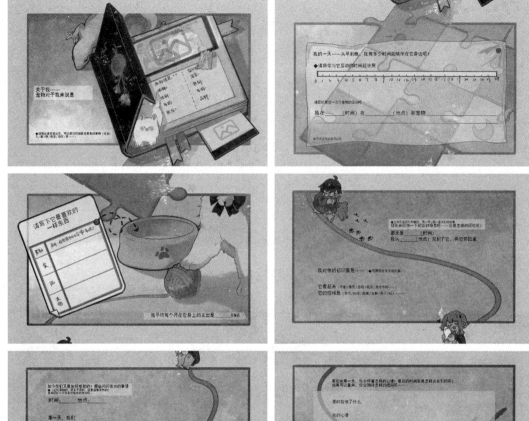

3. 用户访谈

目标：明确已逝宠物主人用户的需求与痛点。

① 关于回忆物品与事件：对于宠物主人来说，最有纪念价值的大多为宠物使用过的物品或生活过的空间。对于相伴时间很久的宠物与主人，一起经历过的某件事并没有某样持续使用过一段时间的物品更有意义。

② 曾经历过的宠物分离与死亡情况：本次所有受访者都曾面对过与曾饲养的宠物分离的情况，其中经历过宠物死亡的有 4 人，情绪大多较为低落、痛苦和思念。也有受访者提前做好了准备，情绪较为平静。除了昆虫考虑制作标本之外，遗体处理方式基本是埋葬。

③ 对于死后遗体处理的考虑：与预想情况不同的是，除了昆虫这类特殊品种，大部分人考虑宠物的死后处理时第一个反应是埋葬，而不是火化或者其他处理方式。得到的答案无

关年龄与职业，推测原因是受到传统入土为安的观念影响，并且对宠物殡葬处理方式知之甚少。部分受访者认为用类似人类的方式埋葬宠物有些奇怪，但愿意接受一些工艺摆件作为纪念品留存在家中。

④ 关于再次相遇的畅想和期望宠物去往的地方：大部分受访者更愿意宠物死后去往自然的环境，或者回到同伴身边（喵星），一方面希望它们可以在死后得到快乐，另一方面也希望可以重新珍惜它们。

4. 亲和图

目标：将已逝宠物主人用户的调研数据进行定性研究分析。

将亲和图分成两大板块：回忆与死亡。回忆部分是关于宠物与主人的羁绊，分为饮食起居、互动陪伴、情感感受三部分。死亡部分是关于主人对宠物离开的牵挂，包括告别、纪念、想象三部分。

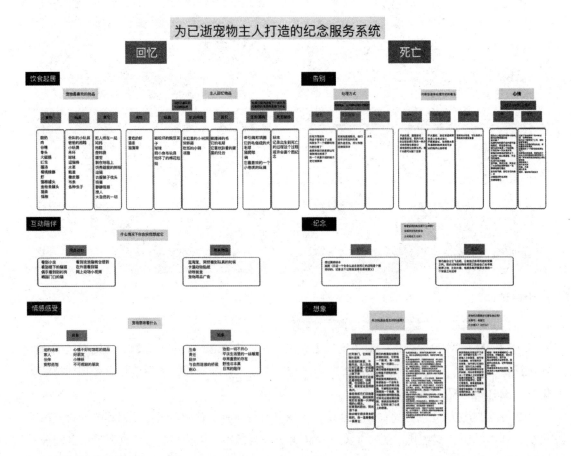

亲和图分析结论：

① 关于遗体处理方式，埋葬的意愿大于火化。对于新型遗体的处理方式大部分人处于积极态度，不愿接受的原因是观念传统或不愿生命变得没有温度。

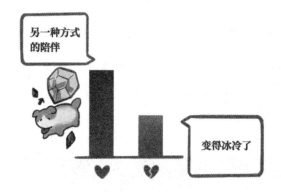

② 主人认为最具回忆的物品都是和宠物紧密相关的，与宠物最喜欢的物品有重合的情况。

③ 总体来说，主人愿意想象宠物死后会去往自然环境，同时也希望与他们再次相遇。

5. 剪贴画

目标: 已逝宠物主人用户需求可视化。

姓名: 小飞
性别: 女
年龄: 34岁
职业: 自由猫画师
居住地: 成都
年薪: 20万元左右
人物特点: 长期居家进行自由创作的爱宠人士, 陪伴宠物时间较长, 认为宠物是生命中极为重要的存在, 在爱好和宠物用品上开销较大。

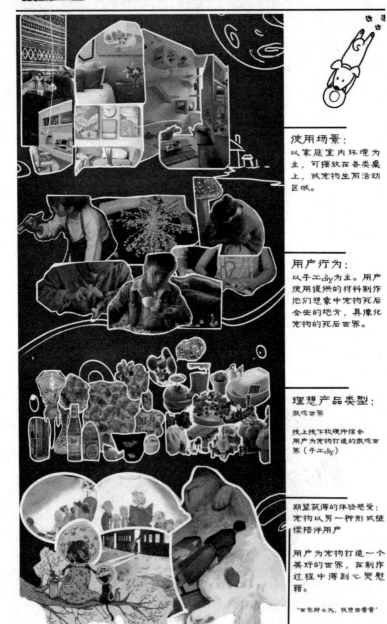

使用场景:
以家庭室内环境为主, 可摆放在各类桌上, 或宠物生前活动区域。

用户行为:
以手工diy为主。用户使用提供的材料制作他们想象中宠物死后会去的地方, 具像化宠物的死后世界。

理想产品类型:
微观世界

线上线下软硬件结合用户为宠物打造的微观世界(手工diy)

期望获得的体验感受:
宠物以另一种形式继续陪伴用户

用户为宠物打造一个美好的世界, 在制作过程中得到心灵慰藉。

"它家那么大, 我想去看看"

6. 问卷调研

目标：输出已逝宠物主人用户需求、体验机会点。

① 纪念品风格应是"可爱的""简约的"和"清新的"，材料可以由"玻璃""木质""植物""石材"组成，可以带给用户宠物依然陪伴的感受，但不需要局限为以触感激发感受的毛绒材质。

② 用户并非不愿意与产品互动，相反拥有较为强烈的互动以及参与制作的意愿，但将"互动功能"与其他主要功能对比，互动并非用户对于功能方面的主要需求点。得出结论为后续设计中保留互动功能，但将其合理弱化。

③ 产品留住美好回忆的情感功能将以投影宠物及其生活场景和设计存储相片、音频的资料卡片的形式实现。

④ 在希望宠物纪念品具有情感抚慰功能的人群中，他们最期待获得"帮助我留住那些美好回忆"的情感感受。在功能设计中重点考虑产品对用户的情感抚慰部分，使产品具有"缓解悲伤""留住回忆""延续陪伴"的功能，并重点突出其"留住回忆"的功能点。

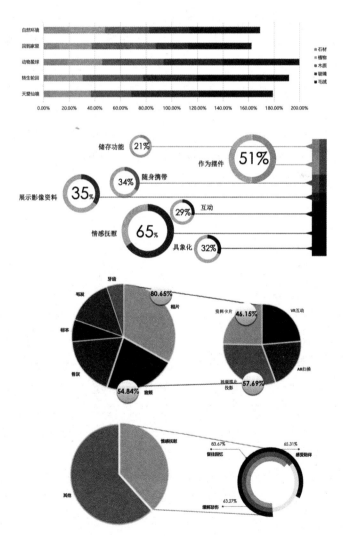

7. 趋势分析工具

目标：识别已逝宠物主人用户的纪念产品机会缺口。

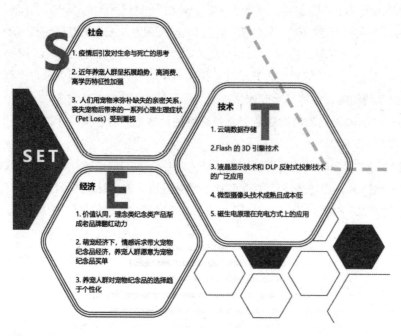

8. 价值机会评价工具

目标：针对已逝宠物主人用户的纪念产品设计，导出有价值的设计策略。

对于相关竞品，宠物定制玩偶、宠物回忆录、宠物纪念印泥、天宠进行了 VOA 图表分析。

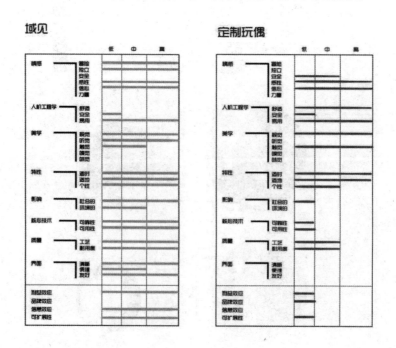

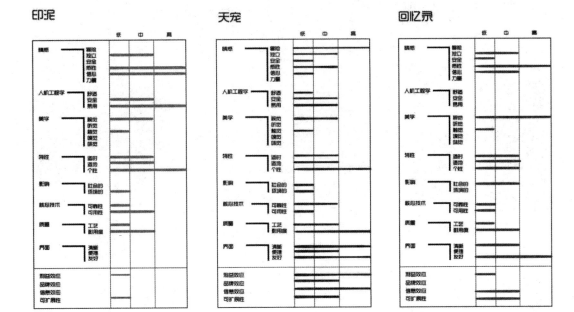

9. 产品定义

目标：明确已逝宠物纪念产品定位，描述产品核心价值、所解决的问题。

"域见"是一套为已逝宠物主人打造的情感抚慰型纪念服务系统，包含可供用户个性化定制、DIY 制作且具有个性化互动功能的宠物纪念产品，以及线上定制网络服务平台。

10. 产品属性分析

目标：描述为已逝宠物主人用户设计的纪念产品特性，凸显与竞品的差异性。

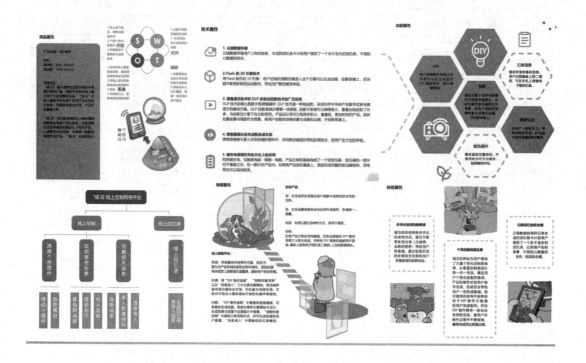

价值属性：延续陪伴，在另一个世界相遇

11. 表现工具

目标：以视觉化表现形式，辅助描述已逝宠物主人用户及纪念产品设计方案。

（1）用户画像

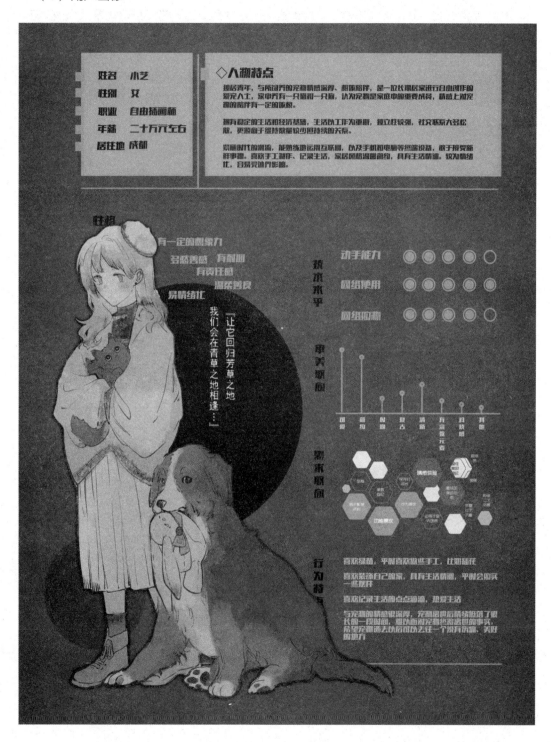

（2）故事板

① 宠物离世之后，宠物主人非常悲伤。

② 用户根据操作指南上的内容可以轻松进行 DIY 摆放创作。

③ 线上定制纪念品，可预选基座、自由搭配小摆件和绿植，最终可以预览效果图，还可以定制个性化宠物形象。

④ 纪念品的主要摆放环境：用户家中的桌面或台面上。

⑤ 在照顾绿植并观察它们的成长时，宠物的陪伴可以化为另一种形态继续存在于用户身边。

⑥ 用户扫描基座上的二维码后，可以在手机上阅读电子版回忆录。

⑦ 在用户（宠物主人）呼唤宠物名字时，纪念品内会传来随机的白噪声。

⑧ 影像投影功能，根据先前定制的宠物形象，随机生成的动画与瓶内实时影像投影在墙上，伴随着每次开启的白噪声，带来惊喜体验。

⑨ 产品期望获得的体验感受：让用户可以感受到宠物依然陪伴在身边。

（3）用户体验旅程图

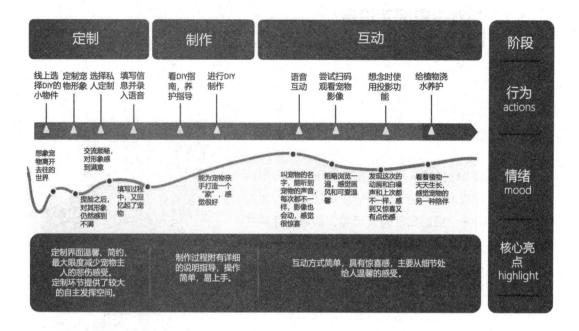

（4）情绪板

关键词：自然、陪伴、思念、温暖。

案例5　FUSION 调味生活型玩家——虚拟游戏融入现实生活的游戏投影配套设备
（设计：张琳涵、岳子琦、张一帆 / 指导：鲍懿喜）

1. 确立用户

目标：限定研究范围，明确用户为调味生活型玩家。

随着元宇宙时代的来临以及疫情之下的社会虚拟化加速，游戏与人们的日常生活联系更加紧密。游戏娱乐生活、调味生活的属性大大增强，偏调味性质的游戏玩家在市场上占比最大，市场潜力十足。通过小册子发放，我们决定从以调味生活为游戏目标的玩家入手，通过游戏设备的创新设计，提升其游戏体验。小册子作为调研工具之一初步对普遍游戏玩家有所接触和了解，对其加以分类以区分出我们的人群特点，并得出初步机会点；对调味生活型玩家进行更有针对性的访谈，进一步了解他们的玩游戏行为特点以得出创新方向。

2. 小册子（Booklet）

目标：了解调味生活型玩家的游戏场景与细节。

设计思路：了解基本信息、探索用户习惯、洞察用户偏好、挖掘用户期望、获取其他灵感

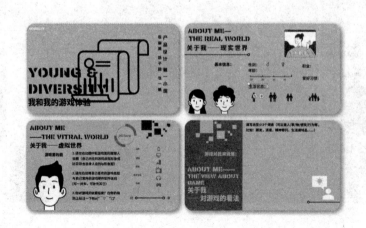

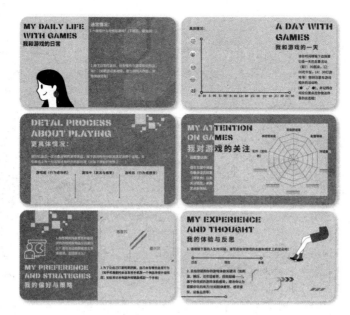

Booklet 调研结论：将玩家细分为资深研究型玩家、调味生活型玩家、深度沉迷型玩家，并分析其特性。由目标用户群体的特征导出初步机会点。

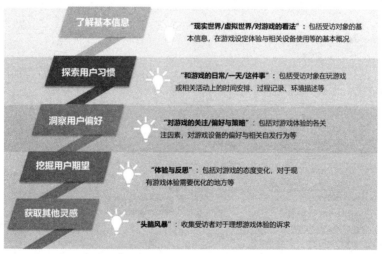

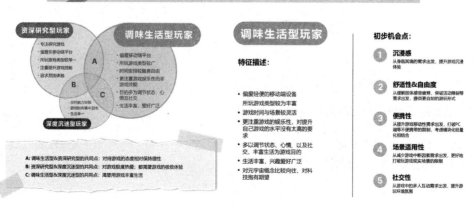

3. 用户访谈

目标：明确调味生活型玩家用户的需求与痛点。

焦点小组问题设计

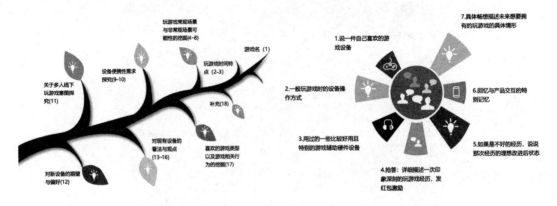

4. 亲和图

目标：将调味生活型玩家用户的调研数据进行定性研究分析。

包含情景、玩游戏目的、痛点、期望点、个人观点、放置与携带现状。

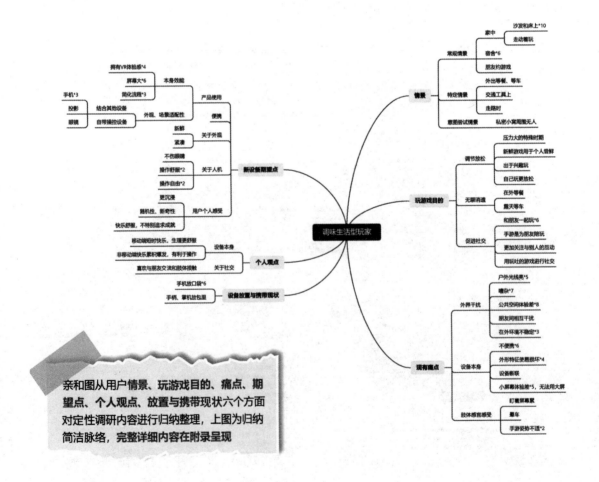

亲和图从用户情景、玩游戏目的、痛点、期望点、个人观点、放置与携带现状六个方面对定性调研内容进行归纳整理，上图为归纳简洁脉络，完整详细内容在附录呈现

亲和图结论：

①碎片化时间利用；②虚拟游戏调味现实生活；③更自如的玩游戏形式；④特殊场景下虚拟结合现实。

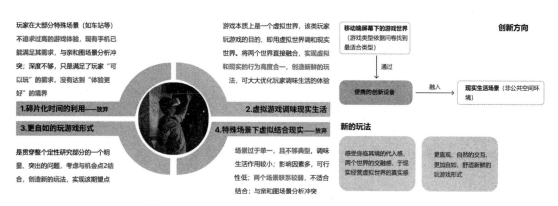

5. 剪贴画

目标：调味生活型玩家用户需求可视化。

包含用户行为、使用场景、期望体验感受、理想产品类型。

6. 问卷调研

目标：输出调味生活型玩家用户需求、体验机会点。

对技术实现形式、产品呈现形式、融入类型与内容、游戏操作方式、产品操控方式、产品风格进行了明确。

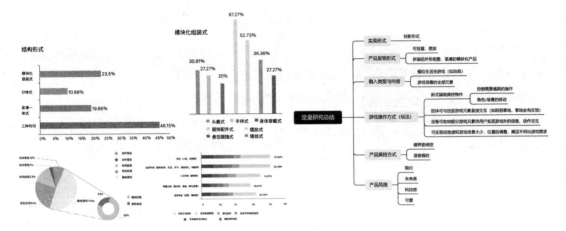

7. 趋势分析工具

目标：识别调味生活型玩家用户的产品机会缺口。

SET 分析 – 基于虚拟结合现实交互技术的模拟生活投影设备创新设计。

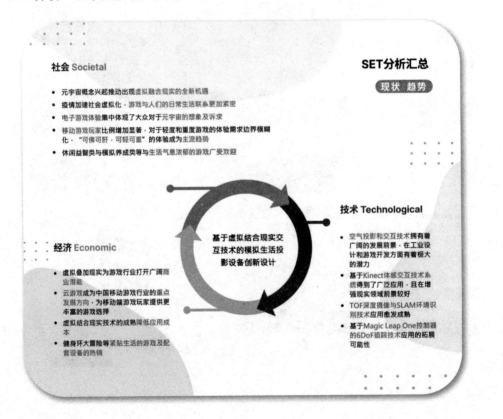

8. 价值机会评价工具

目标：针对调味生活型玩家用户的游戏设备设计，导出有价值的设计策略。

其他品牌眼镜

维度		低	中	高	原因分析
情感	冒险 独立 安全 感性 信心 力量				AR体验的新鲜感 配套内容多 环境空间感应较差，虚拟影像互动内容丰富
交互	舒适 安全 易用				长时间易晕像 使用时容易易绊倒 专为非专业消费者设计容易上手
美学	视觉 听觉 触觉 嗅觉 味觉				无彩虹效应；头显视场角较小 内置立体声环境系统 手握控制器，虚拟舒适
特性	适时 适地 个性				适用休闲私人时刻 头戴式设备较高调，不适宜随地使用 自由创作度较高
影响	社会的 环境的				反响较大，但因技术不成熟早已退出C端消费级市场 在屏内搭建环境对现实空间影响不大
行为	可靠性 可用性				性能配置相对较高 环境限制大，视场角有限，有线配置加大使用风险
质量	工艺 耐用度				
利益效应					配置属比较高，但效益较，性价比不高
品牌效应					竞品多，技术限制大
可扩展性					无定制化，跨平台合作的联动，开放性一般

FUSION 投影显示及控制设备

维度		低	中	高	原因分析
情感	冒险 独立 安全 感性 信心 力量				无需眼镜较新解 配合手机，但可更灵活选择媒体的游戏 环境空间感应强，虚拟影像互动内容丰富
交互	舒适 安全 易用				活动自由，无需佩戴 无安全隐患 多模态交互，易上手
美学	视觉 听觉 触觉 嗅觉 味觉				三维立体，沉浸新颖 内覆音响，传递移动端声音 手持操控物件手感好
特性	适时 适地 个性				方便与移动端连接，适用时刻多 较便携，适用于任何非公共非露天环境 无需眼镜即可实现虚实交互
影响	社会的 环境的				突破屏幕及投影式设备，影响大 虚拟融合现实，可丰富生活空间
行为	可靠性 可用性				技术支持且符合趋势，影响因素较少 可与日常生活紧密结合，模糊虚实边界
质量	工艺 耐用度				
利益效应					大众接受度高，符合元宇宙趋势，市场潜力大
品牌效应					产品独特，容易提升品牌竞争力，打造识别度
可扩展性					有机会与游戏公司携手合作，创造更多可能性

9. 产品定义

目标：明确调味生活型玩家游戏设备定位，描述产品核心价值、所解决的问题。

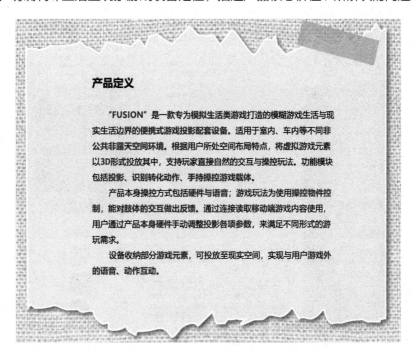

产品定义

"FUSION"是一款专为模拟生活类游戏打造的模糊游戏生活与现实生活边界的便携式游戏投影配套设备。适用于室内、车内等不同非公共非露天空间环境。根据用户所处空间布局特点，将虚拟游戏元素以3D形式投放其中，支持玩家直接自然的交互与操控玩法。功能模块包括投影、识别转化动作、手持操控游戏载体。

产品本身操控方式包括硬件与语音；游戏玩法为使用操控物件控制，能对肢体的交互做出反馈。通过连接读取移动端游戏内容使用，用户通过产品本身硬件手动调整投影各项参数，来满足不同形式的游玩需求。

设备收纳部分游戏元素，可投放至现实空间，实现与用户游戏外的语音、动作互动。

10. 产品属性分析

目标：描述为调味生活型玩家用户设计的游戏设备特性，凸显与竞品的差异性。

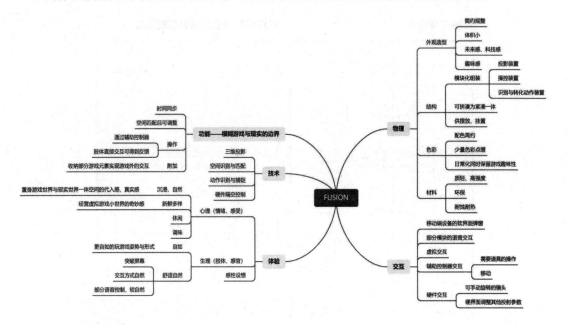

11. 表现工具

目标：以视觉化表现形式，辅助描述调味生活型玩家用户及产品设计方案。

（1）用户画像

（2）故事板

① 痛点挖掘

现有移动端需要保持双手将屏幕举于眼前的固定姿势，操作方式单一，即"点、按、划"，无新鲜感

少许时间将会手酸、眼疼、脖子酸痛，造成肢体的生理不适

电脑屏幕较大，体验优于移动端，但是姿势更加固定，仍觉疲惫

时常想象虚拟游戏中的元素会跳出屏幕与现实生活紧密结合

要坐车出门了，电脑太大了，只能带移动端设备出去了

在车上盯着手机小屏幕，不一会便晕车想吐，但此时又极度无聊

② 概念方案

（3）情绪板

关键词：简约、沉浸、友好、趣味。

案例6 "SHOOT"一代——技术辅助型训练设备
（设计：王悦、肖甲倩、连文思 / 指导：鲍懿喜）

1. 确立用户

目标：限定研究范围，明确用户为 FPS 类游戏玩家。

随着近几年游戏行业的发展，游戏玩家逐年增加，行业技术水平与技术能力迅速升级，游戏产品在数量和质量上均迅速提升。玩家在游戏上开始追求更好的游戏体验，因而对游戏、游戏设备质量的需求也不断提升，同时越来越多的人愿意为自己的游戏体验消费，游戏设备市场也继而迅速扩大。通过初步分析，我们决定从游戏玩家中选定 FPS 玩家，瞄准提高玩家游戏体验这一目的进行创新研究。

2. 小册子（Booklet）

目标：了解用户玩 FPS 游戏的场景与细节。

小册子设计思路：①得到受访对象的基本概况；②了解受访对象对所玩游戏和所用游戏设备的具体细节；③探索受访对象对现有游戏及游戏设备的想法；④挖掘现在受访对象对游戏体验的期望和痛点；⑤从中提取设计机会点。

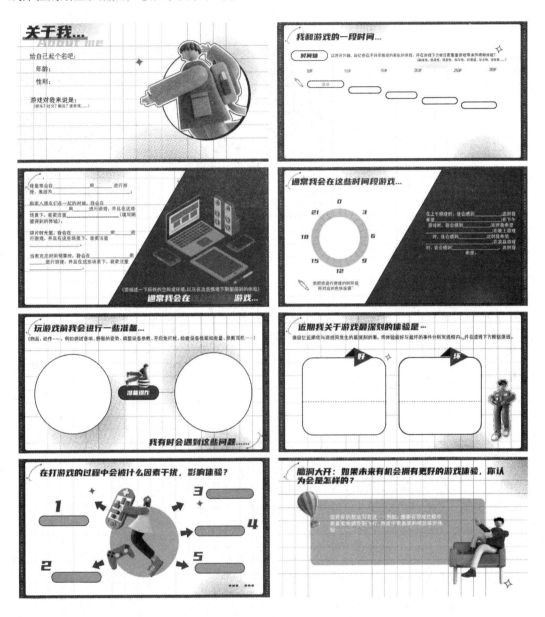

3. 用户访谈

目标：明确 FPS 游戏玩家的用户需求与痛点。

访谈问题更偏向设备体验方面的问题，因此通过对六个人分别进行深访，我们了解了这些玩家使用设备习惯，对设备的要求需求，和购买设备的决定性因素等，我们对这些回答进行关键词概括，也为后续定量研究的问卷调研做出指向。

焦点小组偏向对玩家游戏体验需求的了解，并从中插入几个对我们前期预想机会点相关设备的探讨。从此次设计的本质目的提高游戏体验进行深入探讨，以 FPS 游戏为背景，从感官细节、游戏习惯、游戏期望等方面比较深入地了解了这些玩家对 FPS 游戏的需求和期待，为深入机会点、后续定量研究的问卷调研做出指向。

4. 亲和图

目标：将 FPS 游戏玩家用户的调研数据进行定性研究分析。

设计思路：将前期 Booklet 和访谈所得的数据内容进行归纳总结，按照设备、游戏、人的体验的大框架，将亲和图分为三个部分。

① 游戏：包含问题、追求两个部分，又将其细分为游戏内容、游戏衍生两部分，希望从游戏层面了解玩家对游戏本身的追求、碰到的问题。

② 体验：包含困扰、需求两个部分，并根据人的体验将其细分为生理、心理和社交三部分。提高玩家的游戏体验作为我们的设计目标，我们希望从玩家玩游戏时的好坏体验中了解玩家享受、厌恶的游戏体验及其原因，和期望但还未获得的体验，从中挖掘设计机会点。

③ 设备：这部分包含了关注点、痛点两个部分，并根据设备与人的关系将其细分为

本身属性、人机关系。游戏设备作为我们此次的设计产品，我们希望能从现有的玩家使用过的设备中，根据玩家关于游戏设备的不同想法和对游戏设备的畅想，从中分析机会点和痛点。

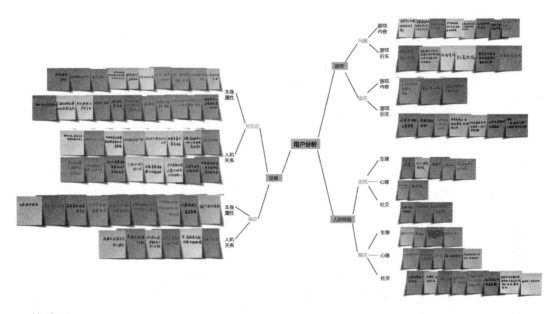

5. 剪贴画

目标：FPS 游戏玩家用户需求可视化。

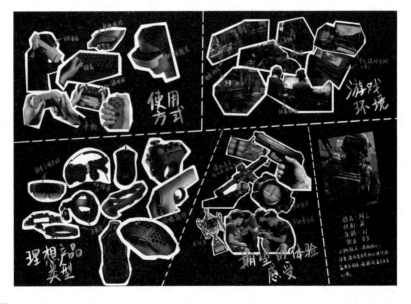

6. 问卷调研

目标：输出 FPS 游戏玩家用户需求、体验机会点。

①93.84% 的玩家在意 FPS 时的感官体验；②FPS 玩家在游戏中最为注重画面冲击效果、

听觉精度以及不同枪支带来的不同手感的掌控这三种感官体验；③符合用户心理认知的设备视觉形态在很大程度上调动玩家的情绪，激发玩家游戏意愿，不符合用户使用习惯的设备则会降低用户使用意愿；④游戏音效之外其他声源的干扰会严重影响玩家局内游戏判断，并且不希望设备发出的噪声影响到他人。

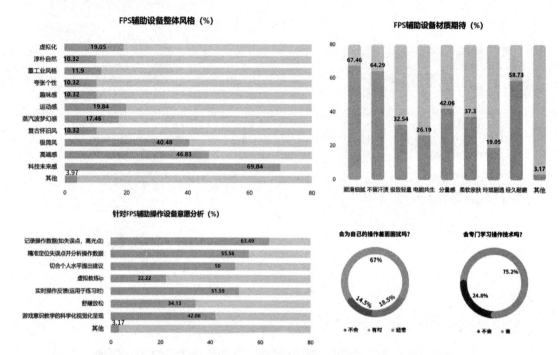

7. 趋势分析工具

目标：识别 FPS 游戏玩家用户的产品机会缺口。

社会

1.FPS 游戏用户规模不断增加，且原有玩家基数庞大，月活高。（以 CS：GO 为代表）

2.疫情大背景下，FPS 游戏玩家中有较多一部分玩家为新玩家或回归玩家，这类玩家人数持续增长。

3.FPS 游戏全球关注度极高：国内外各大社交平台、报道提及度、相关视频播放量都处于前列。（以战地 2042、Apex 英雄为代表）

经济

1.全球游戏市场中，FPS 游戏在移动端、PC 端的营收都处于较高行列（以 PUBG 手游包括和平精英和使命召唤系列为代表）

2.FPS 主打的竞技型玩法本身具有较长的生命周期，用户黏性高。

3.FPS 游戏近几年仍处于上升期，每年甚至每季度都会陆续发行新游戏，引入新血液。

技术

基于肌电信号的获取与分析技术

·肌电信号的采集模块

·肌电信号的识别模块

人体上肢肌力优化模型

人体表面肌电采集装置（电极）的可穿戴技术

面向触觉力反馈的可穿戴柔性执行器

8. 价值机会评价工具

目标：针对 FPS 游戏玩家用户的产品设计，导出有价值的设计策略。

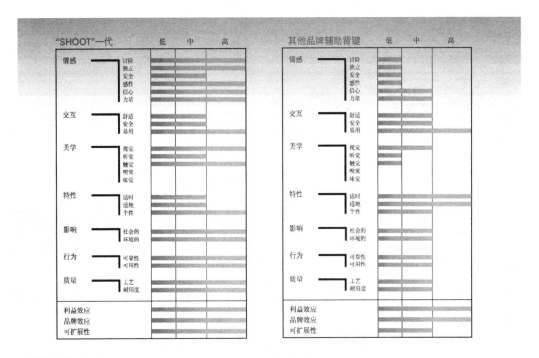

9. 产品定义

目标：明确 FPS 游戏辅助产品定位，描述产品核心价值、所解决的问题。

产品描述：以 PC 端 FPS 用户为目标的技术辅助型产品外设。以人为载体，通过穿着在手部，能够感知、处理和传达信息，从而量化 FPS 玩家操作，以实现记录分析、操作矫正、意识教学的产品级计算训练设备；并配合垫类，在其表面形成可视化动态光标。官方支持拓展应用或第三方应用程序的适配。

10. 产品属性分析

目标：描述为 FPS 游戏玩家用户设计的游戏辅助产品特性，凸显与竞品的差异性。

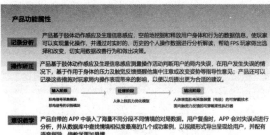

产品功能属性

记录分析	产品基于肢体动作感应及生理信息感应，空前地挖掘和释放用户身体和行为的数据信息，使玩家可以实现量化操作，并通过对实时的、历史的个人操作数据进行分析解读，帮助 FPS 玩家做出选择和改变，切实用数据改善行为和做出决策。
操作矫正	产品基于肢体动作感应及生理信息感应测量操作活动时期断用户的局内失误，在用户发生失误的情况下，基于作用于身体的压力及触觉反馈提醒他集中注意或改变姿势等指导性意见；产品还可以记录这些措施对玩家局内操作表现带来的影响，以便以后提出更为合适的建议。
	肌肉微电极传感模块 → 人体上肢肌力优化模型 → 人体表面肌电采集装置（电极）可穿戴技术
意识教学	产品自带的 APP 中录入了海量不同分段不同情境的对局数据。用户复盘时，APP 会对失误点进行分析，并从数据库中查找情境相似度最高的几个成功案例，以视频形式导出呈现给用户，并配有语音指导，使教学更加易懂。
操作指引	从移动速度、方向、加速度等形成预设轨迹，并在产品表面形成可视化动态光标。用户通过跟随可视化光标的指引，练习操作。

产品交互属性

交互特性	根据实时监测鼠标动向进行实时反馈，并将操作指引以可视化的方式，帮助用户准确快速地找到训练操作技巧的方式，并在用户找到准确方式后以震动等形式反馈给用户。心理上，在练习操作时给玩家带来自信感、愉悦感，也在有些枯燥的练习时光里带来陪伴感。

产品体验属性

游戏体验	该产品是具有辅助 FPS 游戏水平提高功能的实体设备，将玩家对局及游戏操作表现（失误点、高光点、意识、操作技巧等），进行记录、分析、复盘，并结合个人水平提出操作建议；同时可设备实时监测玩家操作进行实时建议反馈；可视化、个性化的操作等教学让玩家在游戏练习时不再迷茫，提高玩家的游戏体验。
心理体验	通过游戏技术的提高，建立起玩家玩 FPS 游戏的信心，帮助 FPS 玩家突破操作瓶颈，帮助新手玩家改变对"FPS 游戏 = 难"的心理认知。从另一个角度带给玩家更好的游戏体验。
使用体验	简化使用的难度，通过基础的操作和外设置引来达到辅助技术提高的效果，减少学习和使用的时间成本，极易上手。

产品物理属性

外形	垫类 + 可穿戴手套
材质	使用顺滑细腻的材质，并且能够支持技术可实现性。FPS 玩家极其着重外设的舒适度，手套要做到贴肤轻便，减少对操作的干扰。同时也要符合防滑防汗、经久耐磨的特性。
颜色	主要风格为未来科技感，同时辅以 FPS 游戏的特征，关注光效和视觉反馈。

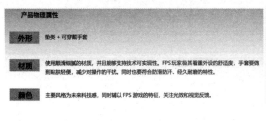

11. 表现工具

目标：以视觉化表现形式，辅助描述 FPS 游戏玩家用户及辅助设备的产品设计方案。

（1）用户画像

用户声音 *User voice*

"如果你打游戏的时候，你更能带入那种环境，然后你就能更加集中注意力，我觉得是这样的"

技术水平 *Technological level*

枪感	
走位	
意识	
熟练度	

用户资料 *User Profiles*

- 年龄：21岁
- 性别：男
- 职业：学生
- 每月可支配在游戏上的费用：300～1000元
- 游戏活跃周时长：15小时
- 游戏深度：80%

行为特点 *Behavioral characteristics*

会运用到设备上现有的装置调整人机交互的功能让自己更舒服，如抬起键盘的撑脚，斜置键盘的摆放。
在游戏前会根据个人需求调整设备属性，如鼠标灵敏度、耳机音量……会注意游戏操作过程中是否对他人有打扰。
·FPS玩家通常使用抓握和指握进行鼠握，相比趴握整个手掌并不完全贴在鼠标上，具有更好的灵活性。
·鼠标重量方面 FPS 玩家更倾向于轻量感的鼠标，不仅可以减轻抬取的负担，还可以拥有指握打握的顺滑操作体验。
对鼠标工作高度的需求，通常越低越好，太高的话抬标时会飘、丢帧。

所用的设备和平台 *The device and platform used*

受访者几乎都专门为游戏购买过设备。
大多进行FPS游戏的会选择去网吧使用大屏、游戏鼠标、游戏键盘、游戏耳机等网吧的配套设施。
与FPS游戏最为相关的外设主要是鼠标、耳机、显示器与键盘。
游戏的平台：CS: GO、和平精英、绝地求生、堡垒之夜、守望先锋、Apex 英雄……

用户体验目标 *User experience goals*

·拥有更好的操作水平（枪感、走位、意识和熟练度）。
·拥有FPS游戏时对身体上的舒适。
·在游戏中享受团队配合以及战略成功带来的成就感。
·能够更大程度感受射击的快感。

品牌与产品偏好 *Brand and product preferences*

偏好性价比较高的产品，对产品有一定的性能要求，但不能特别贵；
不喜欢花里胡哨的外观，手感最为重要；
愿意尝试推出新功能的产品；
使用品牌：红魔、罗技、海盗船 / 雷蛇。

（2）用户体验旅程图

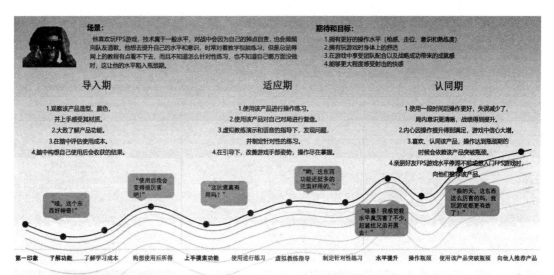

（3）故事板

（4）情绪板